农作物高效种植实用技术问答丛书

谷子高效种植
实用技术问答

张永虎 温蕊 主编

内蒙古人民出版社

图书在版编目(CIP)数据

谷子高效种植实用技术问答/张永虎,温蕊主编. --呼和浩特：内蒙古人民出版社,2022.7
(农作物高效种植实用技术问答丛书)
ISBN 978-7-204-17196-5

Ⅰ.①谷… Ⅱ.①张…②温… Ⅲ.①谷子-栽培技术-问题解答 Ⅳ.①S515-44

中国版本图书馆 CIP 数据核字(2022)第 117768 号

谷子高效种植实用技术问答

作　　者	张永虎　温　蕊
责任编辑	石　煜
封面设计	刘那日苏
出版发行	内蒙古人民出版社
地　　址	呼和浩特市新城区中山东路 8 号波士名人国际 B 座 5 楼
网　　址	http://www.impph.cn
印　　刷	内蒙古爱信达教育印务有限责任公司
开　　本	880mm×1230mm　1/32
印　　张	4.25
字　　数	100 千
版　　次	2022 年 7 月第一版
印　　次	2023 年 2 月第一次印刷
书　　号	ISBN 978-7-204-17196-5
定　　价	20.00 元

如发现印装质量问题,请与我社联系。联系电话:(0471)3946120

谷子高效种植实用技术问答编委会

主　编： 张永虎（内蒙古自治区农牧业科学院）

　　　　温　蕊（内蒙古自治区农牧业科学院）

副主编： 贾祎明（内蒙古自治区农牧业科学院）

　　　　王显瑞（赤峰市农牧科学研究院）

　　　　金晓蕾（内蒙古自治区农牧业科学院）

　　　　石　煜（内蒙古人民出版社）

　　　　杨晓溪（赤峰学院附属中学）

 # 前言

谷子又称粟,去壳后叫小米,曾是我国北方重要的粮食作物,也是中国北方农耕文明建立和发展的核心作物,并在整个欧亚大陆及周边地区广泛传播。考古学研究表明,谷子的驯化栽培历史在 10000 年以上,世界上第一碗面条就是用小米面做的。

谷子的单产在禾谷类作物里不占优势,但由于谷子具有较强的抗旱、耐瘠薄、耐盐碱、耐温度胁迫的能力,因此具有极广的适应性,这使得谷子可在其他禾谷类作物难以生长或生长不良的地方栽培,并保证了少雨地区可靠的粮食收获,对生态环境恶劣地区的农业生产,甚至对人类生存意义重大。近年来,随着追求高产的主栽大宗作物大量肥料和农药的过分利用,我国农业产区水土资源严重透支、生态环境恶化、综合效益大幅下滑,使得我国种植业结构的调整压力越

来越大。谷子以抗旱、节水、节肥的环境友好栽培为特征，且少受国际市场冲击，在种植业结构调整中具有不可或缺的作用。

谷子是五谷杂粮之首，其蛋白质含量高于其他禾谷类作物；脂肪含量高于水稻，且主要为不饱和脂肪酸；可提供丰富的必需氨基酸、膳食纤维、维生素及矿物质元素。在禾谷类作物中，谷子的营养价值最高，而且营养相对均衡，能够满足人们生理代谢较多方面的需求，是老人、幼儿、病人及孕妇的极好食源。小米的食疗效果更是不同凡响，其味甘，具有健脾胃、补益虚损、和中益肾、除热、解毒之功效。

此外，谷子茎、叶、秆及加工小米产出的谷糠也含有丰富的营养成分，可以直接喂牲口，也可加工成精饲料，具有重要的饲用价值。谷糠是重要的酿造原料，也可以加工成降血脂的多维胶囊，提取物已广泛应用于化妆品、皮肤病治疗药物等产品中。另外，谷子和玉米、高粱一样是高淀粉作物，可以用来生产工业酒精，制造生物燃料。

中华人民共和国成立初期，我国谷子的年栽培面积曾超过 866.67 亿平方米，20 世纪 70 年代，谷子仍是我国主要的粮食作物，只是近 30 年来受生产条件改善等因素影响，谷子才成为次要作物。目前，全国年种植谷子约120亿平方米,主要分布在华北、西北和东北的干旱和半干旱地区。谷子起源于我国,我国对谷子的科学研究开始于20世纪40年代初期,系统进行种质资源、遗传育种、栽培植保、食品加工等方面的研究主要是在中华人民共和国成立以后,长期的科研和生产积累使得我国具有全世界最多的谷子种质资源、最先进的品种和配套的高效栽培技术。

随着现代农业产业技术体系的建立,谷子产业迅猛发展,科研人员从新品种选育、栽培技术集成、病虫害防治、产后加工等全产业链对谷子进行研究探索。谷子不再是低产作物,特别是机械化播种和机械化收获的实现,使得谷子种植更加简单、高效,增加了谷子种植的效益。谷子种植成为许多地区,特别是干旱少雨的山区的支柱产业。

我国地域辽阔,各生态区气候条件差异较大,谷子种植区可分为春谷区和夏谷区,种植模式多样,生产水平高低不同。鉴于此,我们从谷子的生物学特征特性、品种选择、良种繁育技术、高效栽培管理技术及病虫害防治等多个方面进行了总结,汇成此书,以问答形式呈现给读者。旨在让大家对谷子有一个比较全面、科学的认识,引导和促进谷子生产水平提升,对谷子产业发展起到积极的推动作用。

在本书的编写过程中，得到了国家谷子高粱产业技术体系科研、教学和生产单位的大力协作，经过内蒙古自治区农牧业科学院作物科学研究所谷子课题组全体同志的通力合作完成此书，在此一并致谢。由于编者水平有限，错误和疏漏在所难免，不妥之处还请各界读者指正。

目录

第一篇 谷子基础知识 ………………………………… 1
1. 谷子和粟是一种作物吗? ……………………………… 2
2. 谷子起源地是哪里? …………………………………… 3
3. 谷子的植株由哪几部分组成?有哪些植物学特征?
   ……………………………………………………………… 4
4. 谷子的类型是依什么划分的? ………………………… 5
5. 谷子是由什么植物演变来的? ………………………… 6
6. 谷子熟期是如何进行分类的? ………………………… 6
7. 小米的营养真的那么丰富吗? ………………………… 7
8. 谷子有药用作用吗? …………………………………… 10
9. 谷子的加工产品有哪些? ……………………………… 11
10. 谷子除了作为粮食作物外,作为饲草应用开发的
    前途如何? …………………………………………… 12
11. 有人提出谷子是中华民族的哺育作物,这是为
    什么? ………………………………………………… 14

1

12. 大家都说谷子抗旱,它抗旱的具体表现是什么？除抗旱外,谷子还有哪些特点？为什么说谷子是战略储备作物？ ………………………………… 15
13. 小米除做粥外,作为主食的情况如何？ ……… 16
14. 一些人认为谷子是低产作物,产量低,收益也低,是真的吗？ …………………………………… 17
15. 我国谷子生产的主产区和分布情况如何？ …… 18
16. 我国的谷子生产生态分区如何,各有什么特点？ ……………………………………………………… 19
17. 国内外谷子生产和研究基本情况如何？ … 21
18. 谷子出口和国际贸易情况如何？对出口的谷子有什么要求？ ………………………………… 22

第二篇　谷子生长发育篇 …………………… 23
19. 谷子萌发的内在因素和外界条件是什么？ …… 24
20. 谷子种子的萌发与幼苗生长的最适宜温度是？低温忍耐程度如何？ ……………………………… 24
21. 谷子对水分的要求是？ ………………………… 25
22. 谷子对温度的要求是？ ………………………… 25
23. 谷子抗旱的具体表现是什么？ ………………… 26
24. 影响谷子根系吸水的因素有哪些？ …………… 26
25. 谷子生长对光照有什么要求？ ………………… 27

26. 谷子可以在盐碱地种植吗？……………………… 27
27. 谷子对土壤有哪些特殊要求？…………………… 28
28. 谷子发生茎秆倒伏的生理原因是什么？………… 28
29. 影响谷子穗分化的外界条件有哪些？…………… 29
30. 谷子出谷率低是什么原因造成的？……………… 30
31. 影响籽粒形成与成熟的因素有哪些？…………… 30
32. 谷子的品质与环境条件有什么关系？…………… 31
33. 谷子蛋白质含量受哪些环境因素影响？………… 32

第三篇　谷子优质高产栽培篇……………………… 33
34. 为什么谷子高产优质栽培提倡"轮作倒茬"？……
　　……………………………………………………… 34
35. 谷子的整地和施肥应注意什么问题？…………… 35
36. 谷子产量构成因素有哪些？……………………… 36
37. 什么叫春谷的"三摘整地"？有什么益处？…… 37
38. 谷子的播期如何确定？…………………………… 38
39. 农民自留种子用盐水选种有什么好处？………… 39
40. 如何确定播种方式和留苗密度？………………… 40
41. 谷子为什么要早间苗、早定苗？有何新技术？
　　……………………………………………………… 41
42. 直接影响亩穗的因素有哪些？…………………… 42
43. 谷子生长必需的营养元素有多少？……………… 42

44. 氮肥对谷子生长发育有什么作用？............ 43
45. 磷肥对谷子生长发育有什么作用？............ 43
46. 钾肥对谷子生长发育有什么作用？............ 43
47. 谷子的需肥规律是什么？...................... 44
48. 谷子施肥技术有哪些？........................ 45
49. 谷子施肥原则是什么？........................ 46
50. 春谷生产的中期管理应注意什么？............ 46
51. 保证旱地谷子获得高产的关键环节有哪几个？
   48
52. 旱地谷子丰产栽培各生长发育阶段管理的措施
   有哪些？...................................... 49
53. 谷子收获和贮藏应注意哪些问题？............ 50
54. 现在生产上主要谷子品种有哪些？............ 52
55. 谷子高产栽培应掌握哪些技术要点？.......... 53
56. 谷子地膜覆盖栽培的好处有哪些？............ 54
57. 谷子地膜覆盖种植主要技术要点有哪些？...... 55
58. 谷子地膜覆盖田间管理有哪些？.............. 56
59. 旱地春谷地膜覆盖栽培技术有哪些要点？...... 58
60. 什么是谷子简化栽培技术？.................. 60
61. 应用谷子简化栽培技术成本是不是很高？...... 61
62. 谷子简化栽培技术有哪些要点？.............. 62
63. 谷子出苗不好的原因有哪些？................ 64

第四篇　谷子杂种优势利用以及新品种选育 ………… 65

64. 品种在农业生产中的作用是什么？………… 66
65. 什么是谷子的杂种优势？………… 66
66. 谷子杂种优势利用有几种途径？………… 67
67. 杂交谷子有哪些好处？………… 67
68. 杂交谷子能自己留种吗？………… 68
69. 杂交谷子如何制种,应注意什么？………… 68
70. 杂交谷子栽培同常规谷子栽培有什么不同,应注意什么问题？………… 69
71. 谷子"三系"是指什么？………… 70
72. 什么叫谷子雄性不育系？………… 70
73. 什么叫谷子雄性不育保持系？………… 70
74. 什么叫谷子雄性不育恢复系？………… 71
75. 中国从何时有了杂交谷子？………… 71
76. 什么叫两系法？………… 71
77. 一般获得雄性不育材料有几种途径？………… 72
78. 两系法的优点是什么？………… 72
79. 谷子杂种后代选择的具体做法是什么？………… 73

第五篇　谷子繁种技术 …………………… 75
80. 谷子良种有标准吗,一般要求是什么? ……… 76
81. 谷子优质品种有哪些特点,有具体的标准吗?
　　 …………………………………………… 77
82. 我国谷子的地方名优品种有哪些? ………… 78
83. 什么叫谷子良种繁育? ……………………… 78
84. 谷子良种四级繁种体系是什么? …………… 79
85. 谷子良种繁育的主要任务是什么? ………… 79
86. 谷子提纯复壮的方法有几种? ……………… 80
87. 谷子品种如何进行防杂保纯? ……………… 80
88. 什么叫谷子原种? …………………………… 80
89. 良种繁殖基地应具备哪些条件? …………… 81
90. 怎样加强谷子良种繁育质量管理? ………… 81
91. 我国各地的品种能相互引种交换吗? ……… 82
92. 为什么不提倡农民自己留种? 如果自己留种,
　　 应注意哪些问题? ……………………… 83
93. 有没有饲草谷子专用品种? ………………… 83
94. 适合产业化生产的谷子新品种有哪些基本特征?
　　 ……………………………………………… 84

第六篇　谷子的病虫害防治和安全生产篇………… 85

95. 谷子的有害生物有哪些？ …………………………… 86
96. 谷子病虫害生物防治方法有哪些？ ………………… 86
97. 谷子病虫害农业防治方法有哪些？ ………………… 87
98. 谷子病虫害物理防治方法有哪些？ ………………… 88
99. 谷子病虫害化学防治方法有哪些？ ………………… 89
100. 什么是谷子的白发病，怎样防治？ ………………… 90
101. 谷子锈病有什么症状？如何防治？ ………………… 92
102. 谷子纹枯病这些年有加重的趋势，这种病害的发病规律如何，容易防治吗？ ……………………… 93
103. 谷穗的"死码子"现象是谷瘟病吗？怎样防治才正确？ …………………………………………… 95
104. 谷子线虫病到灌浆后期才能认出，而且不容易防治，是这样吗？ ……………………………… 97
105. 谷子黑穗病容易防治吗？如何防治？ ……………… 98
106. 谷子病毒病危害特点如何？如何防治？ …………… 99
107. 谷子都有哪些虫害？ ………………………………… 100
108. 地下虫害（蝼蛄、金针虫、蛴螬）的危害特点有哪些？ …………………………………………… 101
109. 地下虫害如何综合防治？ …………………………… 101
110. 苗期鞘翅目害虫的危害特点有哪些？ ……… 102

111. 苗期鞘翅目害虫防治措施有哪些？ …………… 103
112. 黏虫如何防治？ …………………………… 104
113. 谷子粟芒蝇危害特点及发生规律如何？
     如何进行综合防治？ ……………………… 105
114. 粟灰螟如何防治？ ………………………… 105
115. 双斑长跗萤叶甲如何防治？ ……………… 106
116. 蚜虫如何防治？ …………………………… 106
117. 鼠害如何防治？ …………………………… 107
118. 鸟害如何防治？ …………………………… 107
119. 谷子田间草害如何防治？谷子田间除草剂有
     哪些？ ……………………………………… 108
120. 谷子包衣有哪些好处？ …………………… 108
121. 什么叫种子丸粒化？种子丸粒化有什么好处？
     ……………………………………………… 110
122. 无病种子和清洁生产防控谷子种传病害具体
     怎么执行？ ………………………………… 111

第一篇
谷子基础知识

1. 谷子和粟是一种作物吗？

谷子，又名粟，两者是一种作物，在我国南方和其他地方的一些老人至今仍称谷子为粟。谷子起源于我国的黄河流域，是禾本科狗尾草属的一个栽培种（2n=2x=18，英文名 Foxtail millet，学名 Setaria italica Beauv），由狗尾草经人工驯化和进化而来，在我国已有8000多年的栽培史。

谷子是粮草兼用的作物，经济价值较高，是我国重要的粮食作物之一。谷子去壳后称为小米，具有丰富的营养价值。它是我国人民，特别是北方人民喜爱的粮食作物。

图1-1 不同谷壳色的谷子成熟期的穗部照片

2. 谷子起源地是哪里?

无论是从考古文物中得到的证实，还是根据古代文献记载，无论是用科学手段鉴定，还是对目前种谷现实的了解，可以断言谷子起源于中国。黄河流域是我国谷子起源的中心，在8000多年前的磁山、裴李岗文化以前，我们的祖先已把野生的狗尾草驯化成栽培的谷子，形成了以种谷为主线，抗旱保墒、精耕细作这一独特的中国农耕文化。

图 1-2 磁山文化遗址出土的谷子样品

3. 谷子的植株由哪几部分组成？有哪些植物学特征？

谷子全株的形态特征：整株由根、茎、叶、花、果实五部分组成。

谷子的根属须根系，由初生根、次生根和支持根组成。

谷子的茎秆由节和节间组成，呈圆柱形，基部微扁，节间中空或稍有髓。植株茎高度 1~1.5 米，茎节数 8~25 个。茎基部 6~7 个节间密集在一起，称为分蘖节，在其上产生分蘖和次生根。

叶由叶鞘、叶片、叶枕、叶舌组成。叶片是叶的主要部分，除第一片真叶顶端圆钝外，其余叶片狭长扁平呈披针形。叶片上有明显的中脉和其他平行的小脉，表皮有很多茸毛，叶缘有向叶尖方向斜生的细刺。

谷子的花序属圆锥花序，一个谷穗是由穗轴（主轴）和众多的谷码组成。在穗轴上着生排列整齐的一级分枝（枝梗），在一级分枝上又生出二级和三级分枝，在三级分枝的顶端着生一枚小穗花，每一个小穗花下有 1~4 个锯刺状的刺毛（刚毛）。

谷子的籽粒是一个假颖果，是由子房、受精胚珠连同内外稃一起发育而成。谷粒脱去内外颖后才是"颖果"，即平常人们所吃的小米。

4. 谷子的类型是依什么划分的？

根据工作实践，我们对谷子分类提出一些初步意见，供读者在实际工作中参考和使用。

（1）按照落粒性分为栽培型和野生型。

（2）按照粳、糯划分为粳、糯两类。

（3）按照穗型分为圆锥、纺锤、圆筒、棍棒、鸭嘴、猫爪、佛手7种穗型。

（4）按照籽粒颜色分为黄、白、褐黄、灰（青）、红、黑六种色泽。

（5）按生育期划分为早、中、晚三类：早熟类型春谷生育期少于110天，夏谷在70~80天；中熟类型春谷生育期在111~125天，夏谷在81~90天；晚熟类型春谷在125天以上，夏谷在90天以上。

（6）依据秆高结合节数作为分类标准，可划分为高、中、矮三种：矮秆茎长100厘米以下，11节以下；中杆茎长101~130厘米，12~14节；高秆茎长131厘米以上，15节以上。

5. 谷子是由什么植物演变来的？

世界各国的植物学家们统一认为，谷子的祖本植物是从狗尾草直接驯化得到的。因为谷子和狗尾草的染色体均为 $2n=2x=18$，且杂交容易成功、杂种一代结实率高，所以被育种工作者应用到谷子的杂种优势利用的研究上，并且得到了广泛的证实。

 ## 6. 谷子熟期是如何进行分类的？

谷子种植品种在我国分为两种类型：春播品种类型和夏播品种类型。

春播品种的分类（在山西省长治地区每年5月10日播种）：春播特早熟类型，春播早熟类型，春播中熟类型，春播中晚熟类型，春播晚熟类型。

夏播品种的分类（在河北省石家庄地区每年6月20日播种）：夏播早熟类型，夏播中熟类型，夏播晚熟类型，夏播特晚熟类型。

7. 小米的营养真的那么丰富吗?

小米是一种药食两用的优质杂粮,每千克约含蛋白质 97 克、脂肪 35 克、碳水化合物 728 克,除脂肪含量低于玉米外,其余各项均比其他粮食含量高,还含有胡萝卜素、维生素 B_1、维生素 B_2,并含有人体所必需的蛋氨酸、赖氨酸、色氨酸等,营养物质配比合理,人体吸收消化率高,是一种营养价值较高的粮食。重要的是小米中的人体必需氨基酸含量较为合理,其人体必需氨基酸含量分别比大米、小麦、玉米高 41%、65% 和 51.5%,且小米中人体必需氨基酸构成同鸡蛋中人体必需氨基酸构成很接近,同联合国粮农组织和国际卫生组织要求的量也很接近(见表1)。

(1) 蛋白质

小米中蛋白质含量均高于大米、小麦粉和玉米。根据多年来的研究实验结果表明,不同的谷子品种间蛋白质含量存在差异,同一品种种植在不同的地方,因其海拔、降雨量、温度、土壤性质不同,其蛋白质含量也不一样。小米中含有 17 种氨基酸,有谷氨酸、亮氨酸、丙氨酸、脯氨酸、天冬氨酸、色氨酸等,其中包含人体必需氨基酸 8 种。

（2）维生素

谷子中含有的维生素主要有维生素 B_1、维生素 B_2 和维生素 E，较高的维生素含量对于提高人体抵抗力有益，并可防止皮肤病的发生。

（3）脂肪

除玉米外，小米中的脂肪含量均高于大米和小麦粉。小米的粗脂肪含量平均为 4.28%，脂肪酸主要由棕榈酸、硬脂酸、油酸、亚油酸、亚麻油酸和花生酸组成，其中不饱和脂肪酸占脂肪酸总量的 85%，其中能防止动脉粥样硬化、能软化血管的亚油酸含量约为 45%~71%。

（4）矿物质和微量元素

小米中的铁、锌、铜、镁等矿物质的含量均超过了大米、小麦粉和玉米。微量元素主要以硒较多，品种间有明显的差异。硒是人体必需的微量元素，是一种多功能营养元素，因此，硒被称为健康元素。它不仅对细胞膜有一定的保护作用，还能对维生素 A、维生素 C、维生素 E、维生素 K 的吸收与消耗进行调节，在机体代谢方面起重要作用。最重要的是硒对化学致癌物质有拮抗作用，对心机梗塞、大骨节病和克山病有一定的防治作用。

表1-1 谷子和鸡蛋中人体必需氨基酸含量与FAO/WHO模式

（单位：mg/g）

必需氨基酸	小米	鸡蛋	FAO/WHO营养模式
异亮氨酸	42.71	54	40
亮氨酸	133.40	86	70
赖氨酸	20.00	70	55
蛋+胱氨酸	40.80	57	35
苯丙+酪氨酸	89.25	93	60
苏氨酸	36.61	47	40
色氨酸	13.96	17	10
缬氨酸	52.37	66	50
必需氨基酸总量	429.1	490	360

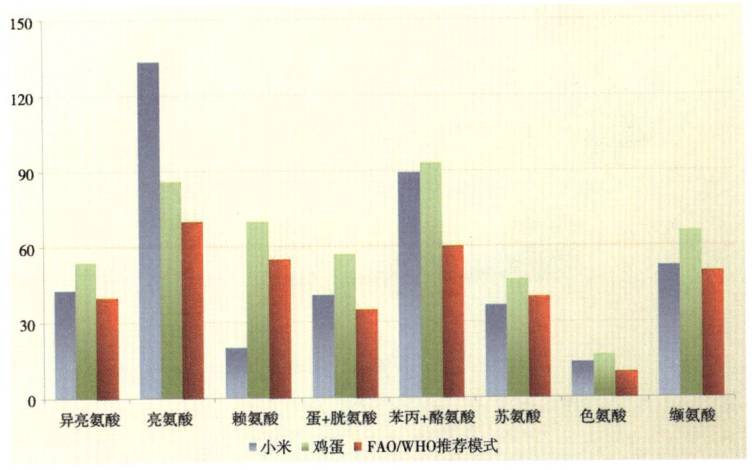

图1-3 小米和鸡蛋中所含人体必需氨基酸的比较

8. 谷子有药用作用吗?

粟粒可以入药,《本草纲目》记载,"主治养肾气,去脾胃中热,益气。陈者味苦,治胃热消渴,利小便","粟芽主治寒中下气,除热、除烦、消宿食"。在《灵枢经》里有"半夏秫米汤"一方,其中秫米就是黏米,对治疗消化不良、妇女带下等症状有良好的疗效。粟粒除用于中药配方外,还可以配制药疗食品。

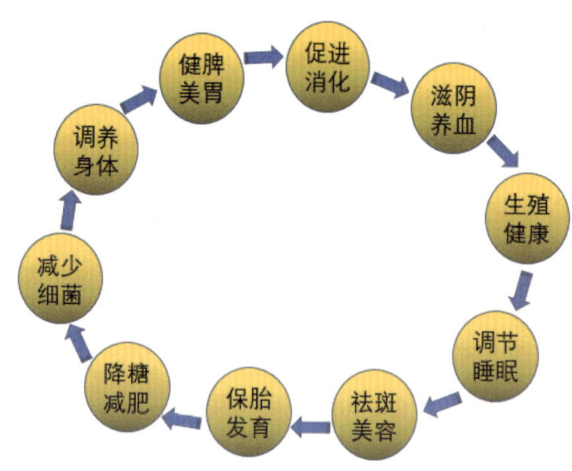

图 1-4 小米的药用功效

9. 谷子的加工产品有哪些？

谷子籽粒产量的85%用作人类粮食，且主要以原粮形式消费，10%用作饲料，5%用于食品加工等。除了可用于熬粥外，小米磨成粉后可制成糕点、煎饼、锅巴等，美味可口。目前，以小米为主料研制成功的产品有：小米粉蛋糕、小米粉饼干、小米粉面包、小米酥卷、小米煎饼、小米摊馍等烘烤食品，小米蒸糕、小米馍、小米凉皮等蒸煮食品，小米方便粥、小米乳、小米露、小米营养粉、固体小米八宝粥等快捷、方便食品，小米营养酒等发酵食品，小米冰淇淋、小米膨化食品等休闲食品。

图1-5 部分小米加工的产品

10. 谷子除了作为粮食作物外,作为饲草应用开发的前途如何?

谷子在美洲、澳洲和欧洲部分国家多是作为饲草作物栽培的,我国历史上谷子一直是粮饲兼用作物,我国古代和近代的军草均是指谷草。因此,谷子既是粮食作物,粮饲兼用作物,还是重要的饲草用作物。据国外研究报道,谷草新鲜茎叶和干草粗蛋白含量占比为16%~17%,内蒙古农牧业科学院作物科学研究所测定的抽穗期谷草品种的粗蛋白含量占比达15.78%,远高于其他禾本科牧草。被称为饲草之王的豆科苜蓿,其干草蛋白质含量占比为18%~20%,谷草的饲料价值接近豆科牧草,但产量显著优于苜蓿,由此可以看出,谷子完全可以作为一个饲草产业来发展。

在我国的西北地区、华北地区的内蒙古和河北省的坝上,谷子一方面能够适应当地的干旱条件,较好地完成生长周期;另一方面,在每年的9月份和10月份,当地天气秋高气爽,大部分是晴天,气候干燥,此时有利于谷草的收割、凉晒和打捆包装;第三,当地多是农牧结合区,大力发展畜牧业很重要。苜蓿在国际干草市场售价为130~150美元/吨,每年国际需求量约1100万吨,国际市场对饲草的需求量是很大的。目前,内蒙古和河北的坝上已有农民自发进行谷子饲草种植,但生产水平、生产规模、市场开拓等方面均落后于其他地区,还没有形成产业化生产。因此,开展谷草的营养机理研究、饲草谷子品种选育、饲草谷子栽培技术研究和产业化组织等工作,完全有可能形成一个新的饲草产业。

图1-6 打捆包装好的成品谷草

11. 有人提出谷子是中华民族的哺育作物，这是为什么？

谷子不仅起源于我国，而且在中华民族整个发展历史中起到了民族哺育作物的作用。谷子是中国古代最重要的粮食作物，位居五谷之首，最早发现于河北省邯郸磁县，文物考古部门对磁山文化遗址进行了发掘，在距今7500年的河北省武安磁山遗址的窖穴中发现了大量储藏的炭化粟和谷子种植工具，佐证了我国种植谷子的悠久历史。在悠久的农耕文明时期，中国人民最大的梦想就是五谷丰登、国泰民安，所以古代人十分重视祭祀"土神"和"谷神"。土神为"社"，谷神为"稷"，"社稷"代表国家，可见谷子在国家中的地位之高。在我国两千多年的封建社会各时期，谷子都是最主要的战备饲草的来源作物。在中国近代革命史上，"小米加步枪"发挥了巨大的作用，冲锋陷阵、奋勇杀敌的战士们就是靠食小米来果腹，他们用坚韧和血泪换来了今日人民的美好幸福生活。直至中华人民共和国成立之前，河北、山东、河南、陕西、山西等省的谷子播种面积仍处于农作物播种面积之首。所以说，谷子是中华民族的哺育作物。

12. 大家都说谷子抗旱，它抗旱的具体表现是什么？除抗旱外，谷子还有哪些特点？为什么说谷子是战略储备作物？

谷子除抗旱外，还耐瘠薄、水资源利用效率高、适应性广，肥地瘦地都能种，稳产性强，化肥和农药用量少，是典型的环境友好型作物。在适宜温度下，谷子吸收本身重量 26% 的水分即可发芽，而同为禾本科作物的高粱需要 40%、玉米 48%、小麦 45%。谷子不仅抗旱，而且水资源利用效率高，每生产 1 克干物质，谷子需水 257 克，玉米需水 369 克，小麦需水 510 克，而水稻则更高。我国是缺水国家，人均水资源占有量仅为世界平均水平的 25%，而且近年来因过分消耗水资源来带动经济发展，导致了水资源缺乏日益加剧。我国北方地区出现江河断流、湖泊干枯、地下水位迅速下降的现象，即便是水源丰沛的南方地区，也开始频频出现严重的旱灾，干旱缺水已成为我国生态和经济发展的严重问题。农业耗水约占总耗水的 60%，是最大的水消耗源。旱情和经济的发展使得部分地区已开展限制农业用水（如河北省的衡水、沧州），一些高耗水作物不得不退出或减少栽培，发展和利用抗旱节水作物已迫在眉睫。从这一点上说，谷子是重要的战略储备作物，在干旱形势日益严重的情况下，完全有可能重新成为主栽作物和主要消费粮食。

图1-7　谷子种植在干旱少雨的山坡上

13. 小米除做粥外，作为主食的情况如何？

在我国北方人民的食谱中，早餐和晚餐食用小米粥是很普遍的，尤其在早餐中到处可见小米粥，因而很多人认为小米仅仅是用来煮粥。其实不然，小米作为主食也很普遍，尤其在北方的农村。小米作为主食有多种食用方法，如小米捞饭、小米炒饭、小米凉皮、小米煎饼、小米蒸糕等，而且很有特色和风味。在我国古代，小米一直都是主粮，"黄粱美梦"中的黄粱就是小米，这正是小米做主食的生动写照。

14. 一些人认为谷子是低产作物，产量低，收益也低，是真的吗？

在历史上，谷子的确被认为是低产作物，因为其单产同玉米、高粱、水稻等作物相比，产量确实相对较低。中华人民共和国成立以来，我国已采用多种手段育成300多个谷子品种，谷子的平均单产由中华人民共和国成立初期的不足750公斤/公顷，提高到现在的2500公斤/公顷左右，小面积单产突破9000公斤/公顷。尤其是20世纪80年代以来，谷子倒伏的问题基本得到解决，产量水平有了显著提高，如"冀谷14"创造了夏谷的9525公斤/公顷产量纪录，2007年，春谷杂交种"张杂谷8号"更是创造了12900公斤/公顷的新纪录。这些纪录都说明谷子已不再是低产作物。

谷子作为特色作物和营养保健食品，近年来的市场价格是玉米的2~3倍，再加上谷子不需要使用化肥，浇水少甚至不浇水，每亩的投入比玉米少110元左右。这样种植同等面积的谷子其经济效益是玉米的1.5~2倍。在同一块旱薄地上，种植玉米需要靠当年的降雨量来保证产量，风险大；而谷子在丰雨年份获得丰收，在缺雨年份因谷子的适应性强和抗旱性强也能保证较好的收入。

15. 我国谷子生产的主产区和分布情况如何?

目前，全国谷子年种植面积约 140 万公顷，年总产 280 万吨左右，种植面积较大的省区依次是河北、山西、内蒙古、陕西、辽宁、河南、山东、黑龙江、甘肃和吉林，上述 10 个省区谷子种植总面积占全国谷子种植总面积的 97%，其中 60% 分布在华北地区干旱最严重的河北、山西、内蒙古三省区。

各省区间由于自然和生产条件的差异，产量水平差异较大，以山东、吉林产量水平较高，陕西、甘肃产量水平较低，如山东省 1998 年全省谷子平均单产 4119 公斤/公顷，而同期甘肃的平均单产不足 1500 公斤/公顷，1999 年陕西省谷子平均单产不足 850 公斤/公顷。

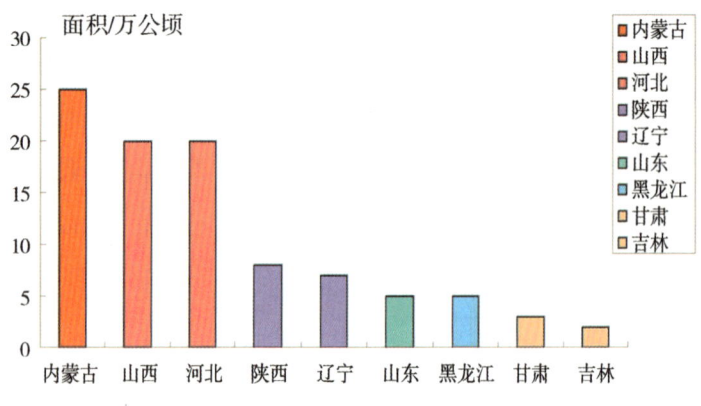

图 1-8　我国谷子主产区种植面积

16. 我国的谷子生产生态分区如何，各有什么特点？

目前，在谷子生产、育种和品种管理中采用的是通俗的三大区划分法，即：东北春谷区、西北春谷区和华北夏谷区。20世纪90年代，我国谷子科技工作者通过组织全国谷子生态联合试验，将我国谷子主产区划分为春谷特早熟区、春谷早熟区、春谷中熟区、春谷晚熟区和夏谷区等5区，并进一步划分为11个亚区。这种划分法适合于学术研究，但现在生产中应用较多的仍是三大区划分法。

春谷区包括东北和西北两大部分，地理范围广，包括我国东北和西北地区的多个省份，品种类型多样，一般是每年的4~5月播种，9月中下旬至10月收获，每年一季，生育期长，生产上多是每亩2万左右株数，所生产的谷子籽粒相对较大，粒重较高。夏谷区主要位于华北地区，包括北京、天津、河北、河南、山东和山西的中南部地区，品种类型多样性较差，一般是每年的6月份播种，生育期80~90天，所生产的谷子相对春谷的籽粒较小，比较适合于煮粥用。

表1-2 全国谷子生产生态区划及代表地点

生态区	代表地点	区域范围与特点
夏谷生态区	河南省南阳、郑州、安阳、洛阳，山东省济南、淄博、泰安，河北省石家庄、沧州，陕西省宝鸡，山西省运城，北京市顺义	范围为东经107°~122°，北纬30°~41°，海拔3.3~980米，处于较低纬度、中低海拔，北至辽宁锦州，南到大别山，东至黄海，西至陕西宝鸡，主产区是冀鲁豫三省，品种对短日照反应中等到敏感，对长日照较不敏感，温度反应不敏感，生育期80~95天。
东北春谷区	黑龙江省绥化、哈尔滨、肇源、双鸭山、齐齐哈尔，吉林省吉林市、公主岭、白城、通榆、长岭，辽宁省沈阳、朝阳、建平，内蒙古自治区乌兰浩特、敖汉、通辽，河北省承德、昌黎	范围为东经117°~132°，北纬40°~47°，海拔15~600米，较高纬度、中低海拔，包括河北省东北部、辽宁省锦州以北、吉林省全部、黑龙江省第三积温带及以南、内蒙古自治区东部。主产区是内蒙古自治区东部、辽宁省西部、吉林省中西部，品种对短日照和温度反应中等，对长日照反应不敏感至中等，生育期100~135天。
西部春谷早熟区	新疆维吾尔自治区奇台、喀什、伊犁，甘肃省会宁、张掖、庆阳、天水，宁夏回族自治区固原、西吉、海原	范围为宁夏、新疆、甘肃，海拔650~1900米，生育期125~160天，品种对日照反应敏感，对温度反应中等至敏感。
西北春谷中晚熟区	山西省大同、忻州、晋中、长治，内蒙古自治区呼和浩特、赤峰，河北省丰宁、宣化，陕西省榆林、延安	范围为东经109°~117°，北纬36°~42°，海拔600~1250米，包括山西省长治以北、大同以南，内蒙古自治区赤峰以西，河北省承德西北部、张家口，陕西省榆林、延安等，品种对短日照反应中等至敏感，对长日照反应中等，温度反应不敏感，生育期长，生育期110~150天。
南方春夏谷生态区	贵州、云南、四川、浙江、广东、广西、江苏、江西、湖南	长江以南各省，生育期70~105天，品种对短日照反应不敏感至中等，对长日照反应敏感，温度反应不敏感。贵州为主产区，四川为潜在发展区。

17. 国内外谷子生产和研究基本情况如何？

谷子主要分布在中国，总产量约占世界的80%；印度是第二大谷子生产国，占世界总产量的10%左右；澳大利亚、美国、加拿大、法国、朝鲜、日本、匈牙利等国也有少量种植。我国谷子主要分布在北方干旱、半干旱地区，其中三分之二分布在干旱最严重的华北地区。

国外谷子研究主要侧重进化、遗传等基础研究。我国是世界上唯一对谷子进行系统研究的国家，研究领域包括起源、进化、资源、育种、细胞遗传、分子遗传、生物技术、栽培生理、病理等各个方面，我国的育种和栽培技术水平也是最高的。

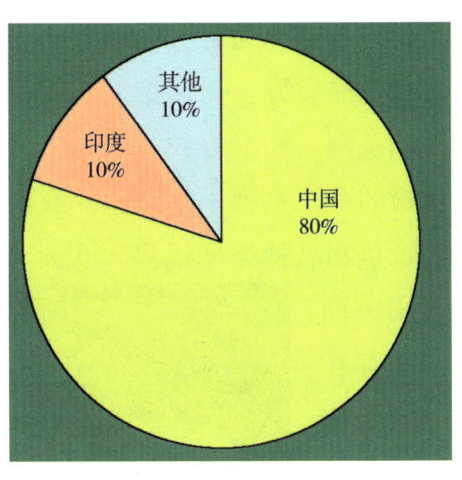

图1-9 世界谷子种植分布情况

18. 谷子出口和国际贸易情况如何？对出口的谷子有什么要求？

我国谷子出口主要销往日本、韩国、印度尼西亚、中国台湾等35个国家和地区。销售价格189~303美元/吨。日本是我国小米出口的最大国家，年出口量6200~8700吨，占日本小米进口总量的60%左右。我国谷子出口可分为食用和饲用两种形式，食用谷子主要销往日本、朝鲜，东南亚国家，要求谷子的商品性和食味品质好，无污染。饲用谷子出口主要是销往欧洲和美洲，要求籽粒的千粒重较大，色泽鲜艳，整穗出口的要求是穗子较长等。我国的谷子生产具有显著的数量和品种类型优势，欧洲和美洲对谷子等杂粮在食用方面同样存在一定的市场，谷子的海外市场还具有很大的潜力。

图1-10 商品性和食味品质好的谷子用于出口

第二篇 谷子生长发育篇

19. 谷子萌发的内在因素和外界条件是什么?

(1) 谷子萌发的内在因素

饱满的种子充分成熟,胚乳中贮藏的养分多;胚的发育充分,不仅发芽势高,而且发芽率高;种子生活力还与贮藏时间长短有关,贮藏条件越差、时间越长,种子生活力也越弱;谷子在休眠期时仍是活着的有机体,其内部的生理生化过程仍在进行,需经过一段时间,才能完成其生理成熟段,称"后熟"。

(2) 影响谷子萌发的外界条件

水分是谷子萌发的首要条件。谷子在吸水后,在适当的温度下开始发芽。温度也是影响谷子萌发的条件,如果降低温度,则严重抑制发芽。土壤中的pH值对谷子的发芽也有一定的影响。

 **20. 谷子种子的萌发与幼苗生长的最适宜温度是?低温忍耐程度如何?**

谷子发芽出苗以播种层含水量的15%～17%为最适宜,最适宜温度是24℃～25℃,发芽的最低极限温度是5℃,在温度较低的情况下,不但发芽迟缓,而且种子容易感染病害。

谷子在幼苗期间,对低温的抵御能力是在-1℃～-2℃,一般在-3℃～-4℃时就容易被冻死。

 **21. 谷子对水分的要求是？**

谷子是耐旱作物，这与谷子原生质胶体亲水性高、光合作用强、胶体结构比较稳定、束缚水变化小、细胞液浓度高、保水和抗脱水能力强有关。谷子种子萌发，所需的吸水量一般占种子质量的26%。谷子在穗分化以前消耗水量仅占生育期总耗水量的12%～14%。拔节以后进入穗分化阶段，需水量逐渐增加，到抽穗期达到高峰。

 22. 谷子对温度的要求是？

（1）谷子的积温特性

谷子是喜温作物，对热量要求较高。对生育期积温的要求，因地区和品种不同而各有差异。一般完成生长发育要求积温在1600℃～3300℃之间。

（2）谷子的春化阶段

谷子在一定的温度条件下完成第一阶段——春化阶段，所需的综合条件是温度、湿度、空气以及在种子或绿色植物内的可塑性营养物质。

（3）谷子的感温反应

谷子从播种到出苗，若土壤水分适宜，温度高时出苗快，夏谷3天即可出苗，温度低时出苗慢。

23. 谷子抗旱的具体表现是什么？

谷子适应性强，耐旱，产量稳定，保收率高，所以在北方干旱地区种植具有重要意义。谷子有发达的根系，能从土壤深层吸收水分。谷子叶面积小，叶脉密度大，叶片细胞原生质胶体亲水性较好，细胞液浓度高，保水能力强，蒸发量较小。谷子的蒸腾系数比其他作物都小，对水分的利用率高。在同样干旱条件下，谷子比小麦、玉米等受害较轻。在我国华北、西北黄土高原及东西部干旱半干旱丘陵山坡地上均适宜种植谷子。在降雨200~450毫米的条件下，种植谷子能高产稳产。

 ## 24. 影响谷子根系吸水的因素有哪些？

（1）土壤温度
（2）土壤水分
（3）土壤通气状况

25. 谷子生长对光照有什么要求？

谷子是典型的短日照作物，对光照条件的反应比较敏感。日照短，谷子的生育期明显缩短，日照长，生育期明显延长。谷子感光时间早和迟在品种间差异很大，感光早的品种在出苗后 3~5 天即进入感光阶段，有的品种出苗后 10~20 天才进入感光期，一般谷子出苗 10 天后的幼苗对光照反应最敏感。

谷子对短日照反应强烈，品种间表现为极敏感的和比较迟钝的品种都比较少，绝大多数品种属中间型。不同品种的谷子对不同光照反应差异比较大，光照强度对谷子的生长发育也有较大影响。

26. 谷子可以在盐碱地种植吗？

谷子幼苗抗盐能力弱，在盐碱地上种植不易保苗，只有选用抗盐性强的品种，才能在盐碱地上栽培。当土壤含盐量超过 0.2% 时，就需要加以改良以适宜种植。

27. 谷子对土壤有哪些特殊要求？

谷子适宜在微酸和中性土壤上生长，对土壤的要求不太严格，无论是黑土、褐土、黄土或黏土、壤土、沙土等，几乎在所有的土壤上谷子都能生长，适应性广。但是最适宜的是壤土，沙质壤土或黏质壤土等土层深厚、结构良好、有机质含量较高、质地松软的土壤最为适宜，而且保苗容易，有利于根系发育。种植谷子的土壤中的水分不宜过多，否则容易发生烂根。

28. 谷子发生茎秆倒伏的生理原因是什么？

谷子茎秆基部节间粗短，秆壁厚，机械组织发达，植株的抗倒伏性能增加。同时，由于茎秆粗壮，薄壁组织厚，有利于营养物质的贮存；维管束数目多，直径大，有利于养分向外运输。但如果发育不良，基部节间细长，秆壁薄，则易造成倒伏。密度过大，水肥不当，植株行距过窄，蛀茎害虫防治不及时，谷瘟病、锈病感染严重等，都会影响茎秆的发育。

29. 影响谷子穗分化的外界条件有哪些？

(1) 温度

温度对谷子幼穗分化的影响，首先表现在影响发育。随着温度的提高，谷子缩短了可变营养生长期，即缩短了出苗到生长锥伸长的天数，幼穗发育提前。

(2) 土壤水分

谷子蒸腾系数小，对水分的利用较充分，但在谷子的不同生育期对水分的需求量差异较大。特别是拔节至抽穗期间，正值幼穗分化阶段，也是叶片数继续增多、叶面积急剧增大、植株生长最旺盛的阶段，此时谷子对水分需求量较大。

(3) 营养

拔节后，谷子由营养生长转向生殖生长，同时这一时期是谷子吸氮高峰期。吸氮量约占全生育期吸氮总量的一半。营养供应适宜，干物质积累多，植株生长良好，进而促进穗的发育，增加小穗小花数。

(4) 光照

充足的光照是促进谷株生长、穗分化发育的重要条件。光照条件好时，叶片光合强度高，制造的有机物质多，分配合理，各器官生长协调，有利于植株生长健壮和穗分化；光照不足，则会抑制幼穗发育。

30. 谷子出谷率低是什么原因造成的?

谷子全穗结实,在正常栽培的情况下,谷子的成粒率一般在 70%～80%,在改善光照和地下根系营养的条件下,可以提高成粒率;在缩小叶面积时,成粒率显著降低。其原因是生产上管理不力,使植株早衰和脱肥,导致大量秕谷。所以,提高灌浆期谷子的光合作用、稳定灌浆期的光合面积,并最大可能地促使光合产物向籽粒运输,对减少秕谷是十分重要的。

 ## 31. 影响籽粒形成与成熟的因素有哪些?

(1)水分 水分充足时,在灌浆期会保证籽粒容积(库)的迅速扩大和叶片(源)的大量光合产物合成,并将光合产物迅速地输送到籽粒中。

(2)温度 温度对籽粒的形成起重要作用。

(3)光照 光照在开花期的强弱,直接影响着受精结实、籽粒饱满。

(4)肥料 谷子生育期较长,在整个生长发育过程中,需要有源源不断的氮、磷、钾养分供给。

32. 谷子的品质与环境条件有什么关系？

（1）温度对谷子蛋白质、氨基酸和脂肪的影响

谷子蛋白质产量与生育期日均温度及结实期日均温度呈线性关系，随着温度的提高而增长。各种氨基酸含量都是随结实期日均温度的降低而减少，变化范围较大。脂肪的产量与生育期温度关系极为密切。当日均温度在23℃以下时，提高温度，脂肪产量呈直线增长，日均温度每提高1℃，脂肪产量增加0.1848克/株。同样，脂肪产量与结实期日均温度也有相似的关系，日均温度24℃以下时，每提高1℃，脂肪产量增加0.0263克/株。

（2）水分对蛋白质和脂肪的影响

土壤水分与籽粒蛋白质含量的关系极为密切，在干旱情况下，籽粒蛋白质含量最高，平均占比为(13.4±0.41)%，随着土壤水分增加，蛋白质含量逐渐降低。

干旱有助于谷子脂肪含量提高。据实验研究，在干旱条件下比在水分充足的条件下脂肪含量提高9.6%，最高能提高到27.4%。

33. 谷子蛋白质含量受哪些环境因素影响？

（1）谷子蛋白质含量有随着降水量的增加而提高的现象。

（2）肥料的种类、用量的不同，对谷子品质的相对作用也不同，进而影响谷子蛋白质的含量。

（3）谷子在不同产地因受到海拔、纬度等生态条件及栽培技术和管理方式的综合影响，蛋白质含量也差异明显。

（4）随着收获期的推迟，籽粒蛋白质的含量逐渐降低，当然这种降低与籽粒的灌浆速度有关。

（5）不同的年份间气候条件不同，不但影响谷子产量，而且影响谷子的品质。

（6）同一产地的谷子早熟和晚熟品种中的蛋白质含量不同。

图 2-1　收获脱壳后的小米

第三篇
谷子优质高产栽培篇

34. 为什么谷子高产优质栽培提倡"轮作倒茬"？

轮作是调节土壤肥力、防治病虫害、实现农作物优质高产稳产的重要保证。轮作也叫倒茬或换茬，其作用主要有以下4个方面：

（1）合理利用土壤养分

土地用、养结合不同的作物对土壤养分的要求不同，吸收特点和能力亦不同，如大豆是深根性作物，可以利用土壤深层中的养分；谷子、小麦等作物是浅根性、须根性作物，主要利用土壤浅层中的养分。谷子种在大豆茬上可以获得较高的产量。

（2）消除或减轻病虫害

大多数的病菌和害虫都有一定的寄主和寿命。谷子白发病、黑穗病的发生，除了种子带菌传染外，土壤传染也是个重要原因，实行合理轮作，隔数年种植，就可以大大减轻病菌的感染。

（3）抑制或消灭杂草

不同作物对杂草的竞争能力不同。一般来说，密植作物和速生作物具有抑制杂草的能力，而稀植作物和前期生长缓慢的作物则抑制杂草能力差。如麦类作物茎叶繁茂，荫蔽度较大，可以抑制杂草的生长，而谷子幼苗生长缓慢，对杂草的抑制能力较差。

（4）利用肥茬创造高产

利用肥茬播种谷子，是获取谷子高产的重要途径。谷子对茬口的反应较敏感，其适宜前作的作物依次是：大豆、马铃薯、红薯、小麦、玉米、高粱等。棉花、油菜、烟草等茬口也是谷子较为适宜的前茬。

35. 谷子的整地和施肥应注意什么问题？

谷子属小粒作物，种子顶土力弱，整地质量直接影响到能否保证苗全苗壮，在整地的同时还要根据谷子生长的需要施足肥料，保证其生长发育一生的营养供给。在谷子的整地和施肥中应注意以下几方面问题：

（1）谷地深耕包括伏耕、秋耕、春耕等3个时期，春谷以秋耕最好，春耕不适宜，夏谷进行伏耕。耕作质量与翻动时土壤水分多少有关，一般在含水量占比为15%~20%范围内作业，耕作质量最好。如果太干、太湿均不宜。

（2）播前串地（旋耕）具有活土、除草、增温的作用，对提高播种质量、促进幼苗生长具有重要意义。但特别干旱时可以采取多次耙地代替串地，减少土壤水分散失。

（3）耕后耙地、耢地可有效地破碎大量坷垃，减少水分蒸发，保墒的效果较好。

（4）串地或旋耕后的土地，土壤疏松，水分容易大量散失，如果天气干燥必须进行镇压保墒，则需确保5~10厘米土层的含水量，然后破除坷垃，这样做有利于种子的发芽和出苗。

（5）谷子的施肥按施入时期和作用分为基肥、种肥和追肥三种类型，三者之间是密切配合、取长补短的，也可各自发挥作用。其中基肥最为重要，应随深耕一次施入；种肥一般用在瘠薄地上，可明显提高产量；追肥可以在拔节始期追"座胎肥"，孕穗期追"攻籽肥"。

36. 谷子产量构成因素有哪些？

（1）有效穗数是提高谷子产量的重要因素，有效穗数主要是由留苗密度所决定。

（2）穗粒数是影响产量的主要因素，易受光照、土壤肥力、水分等条件的影响。

（3）千粒重是比较稳定的产量因素，同一个品种在不同栽培条件下种植，对千粒重影响很小。

37. 什么叫春谷的"三墒整地"？有什么益处？

春旱是春谷种植的主要问题之一，如何保证春谷苗全苗壮成为春谷栽培技术中的重要内容。在秋耕壮垄的基础上，早春耙糖保墒、浅耕踏墒、镇压提墒，即"三墒整地"，可以有效地利用水分，确保全苗、壮苗。

(1) 耙糖（耢）保墒

早春风多、降雨少，土壤水分散失快，通过多次进行耙糖农事操作，可以破除地面龟裂，弥补裂缝，消灭坷垃，切断土壤的毛细管，保蓄土壤水分。

(2) 浅耕踏墒

播前随着温度上升，杂草开始萌动发芽，在播前6~10天进行浅耕操作，这项农事活动的目的是活土除草，提温保墒，破碎坷垃，结合施肥，促苗早发。

(3) 镇压提墒

视土壤墒情，可在播前、播后进行一次或多次镇压，使土层下松上实，促进下层水上升，有利于播种和出苗。镇压的原则是：压干不压湿；先压砂土，再压壤土，后压黏土。

38. 谷子的播期如何确定？

谷子播种期的确定，应根据当地无霜期的长短来确定，针对不同品种的特性，在保证该品种生长发育有充分时间的前提下，使整个生活周期的各生育阶段都能充分利用温度、光照、水分、肥料等外界条件，进而根据当地无霜期的长短来确定谷子播种期。

（1）品种

品种间生育期的差别比较大。一般情况下，早熟品种从出苗到成熟仅需要 60~80 天，中熟品种 90~110 天，晚熟品种 110 天以上。由于谷子对光、温反应很敏感，不同品种类型对温、光反应的迟早和敏感程度差别很大，因而对播种期要求各不相同。

（2）土壤水分及温度

谷子发芽出苗以播种层含水量占比为 15%~17% 最为适宜，低于 10% 时出苗不利，含水量过高又容易导致种子霉烂并感染病害。谷子发芽的最低温度为 7℃，以 18~25℃ 发芽最快。一般情况下，温度以播种层的土温稳定在 10℃ 以上时，播种较为适宜。

（3）降水量

旱地谷子生长发育好坏，在很大程度上取决于不同生长发育阶段的降水量是否能满足需要。需水关键期是孕穗、抽穗到开花阶段，雨量不足，即可造成胎里旱与卡脖旱，对穗码数、穗长、穗粒数都会产生不良影响，这时可通过调节播期使谷子的需水高峰期与雨季吻合，提高谷子的产量。

（4）病虫害

适当推迟播期可减轻粟灰螟及红叶病、白发病的危害。一般来说，春谷播期一般在每年的 4 月底至 6 月初；夏谷一般在麦收后的 6 月，个别地区可到 7 月初。

39. 农民自留种子用盐水选种有什么好处？

对于常规谷子品种（非杂交种）来讲，农民可以对自己满意的品种进行自留种，在田间选择好穗的同时，还应对自留种进行适当地处理，提高种子的质量。如可以用盐水进行选种，谷子用盐水进行选种主要利用了盐水比重比清水大的特点，一般盐水浓度为 10%。其主要作用是：

（1）能够选留饱满的籽粒作种子，提高种子的质量。

（2）可以把秕谷、草籽、杂物等漂去，提高种子净度。

（3）可以除去附着在种子表面的病菌孢子，减少种子带菌的病害，如可以减少谷子黑穗病、白发病等病害的发病及危害。

40. 如何确定播种方式和留苗密度？

谷子的播种方式因各地耕作制度、栽培水平、土质、地形的差异而形式多样，同一地区之内，也可以有多种播种方法并用。谷子的播种方法有耧播、沟播、犁播、垄作、机播等。确定播种方法要考虑三个因素：一是生产条件，二是生态、气象条件，三是品种的要求。耧播的优点是省工、省籽、保墒、保苗，一般在正常春播时采用。沟播和犁播的优点是将谷子种在沟里，通过中耕培土，逐步将沟变成垄，有利于根系发育，防止倒伏，缺点是开沟容易造成大量跑墒。垄作一般在东北地区多用，优点是通风透光好，能提高地温，利于排涝及田间管理，缺点是留苗数偏少，土地利用率低。机播的优点是播深一致，出苗整齐，苗匀苗壮，少工省力，效率高。各地可因地制宜选择播种方法，干旱严重地区可采取条沟播种法、壕沟播种法、探墒播种法、抗旱播种法等进行播种。

谷子的留苗密度因生态类型、品种特性、种植习惯、播种方法的不同有一定的差异，一般春谷子留苗密度为2~3万株/亩，夏谷留苗密度为4~5万株/亩，可根据土壤肥力情况进行调整，肥力差的应适当降低留苗密度。

41. 谷子为什么要早间苗、早定苗？有何新技术？

早间苗，防荒苗，对培育壮苗十分重要。群众经验是："谷间寸，顶上粪。"早间苗可以改善幼苗的生态条件，特别是改善光照条件，使幼苗根系发育健壮，根量增加，幼苗壮而不旺，叶色浓绿。晚间苗易使谷苗瘦弱细长，叶片狭长，叶色发黄。间苗时间最好在三叶一心期，其增产效果最好，但由于谷苗太小，操作较困难，一般在5叶前操作较好，5叶以后，次生根已较发达，间苗时容易拔断谷苗，易形成残株。试验结果表明，早间苗一般可增产10%~30%。

间苗难、劳动量大是谷子生产上存在的突出问题，直接影响到谷子的大面积种植。目前，解决谷子间苗难的问题有两项新技术：一是化控间苗技术，通过化学处理的方法，达到间苗的目的，方法是将种子的一部分利用化学药剂处理，然后与正常种子混匀播种，出苗后，处理过的幼苗自动死亡，从而达到共同出苗和间苗的目的。山西省农科院谷子研究所已研究成功化控间苗剂，并获得了山西省科技进步二等奖。二是利用抗除草剂品种，播种时，抗除草剂品种与不抗品种混合播种，出苗后通过喷除草剂达到除草和间苗的双重目的。河北省农林科学院谷子研究所已培育出抗除草剂品种，并在华北夏谷区推广应用，该项技术已申报了国家专利。

42. 直接影响亩穗的因素有哪些？

（1）播种时土壤墒情欠佳。
（2）整地质量差。
（3）播种遇暴雨，土壤板结或幼苗刚出土遇骤雨淤垄沟埋苗。
（4）土壤含盐量高或施肥量过大。
（5）出苗时地表温度过高，发生烧芽尖。
（6）晚霜冻害。
（7）播种机具堵塞，播种深度过浅；病虫危害。
（8）中耕机械损伤苗等。

43. 谷子生长必需的营养元素有多少？

可促进谷子生长的元素，称为大量元素，这类元素有碳、氧、氮、钾、钙、镁、磷、硫等。植株体内含量极少，又极易干预正常生长发育的元素，称为微量元素，这类元素有锰、硼、钼、氯、铜等。

44. 氮肥对谷子生长发育有什么作用？

氮是构成谷子植株内蛋白质和叶绿素的主要物质，如果氮元素不足，谷子叶色发黄，叶片变小，植株矮小，谷穗发育不良，穗小粒少产量低，易引起早衰。氮元素过多，茎叶生长柔嫩，易倒伏和易招致病虫危害，使产量降低。

45. 磷肥对谷子生长发育有什么作用？

磷是谷子生长发育的重要营养元素，在生根、长叶和孕穗、灌浆阶段不可缺少。缺磷会导致叶色发红（紫），根系弱，生长慢，秕谷增多，还会减弱谷子的抗病能力。施用磷肥，最好在播种时或苗期早施为宜。

46. 钾肥对谷子生长发育有什么作用？

钾元素对茎秆组织的生长和籽粒灌浆的快慢都有影响，缺少钾元素，茎叶组织软弱，叶色变黄、叶片干枯，植株矮小，抗倒伏、抗病能力减弱。拔节开始后，谷子植株需钾量逐渐增加，抽穗后需钾量减少。钾肥以在播种前施足为宜。

47. 谷子的需肥规律是什么?

每生产 100 千克谷子籽粒需要氮 2.5~3.0 千克、磷 1.2~1.4 千克、钾 2.0~3.8 千克。其中，出苗到拔节时期，吸收的氮占整个生育期需氮量的 4%~6%；拔节到抽穗期，吸收的氮占整个生育期需氮量的 45%~50%；籽粒灌浆期，吸收的氮占整个生育期需氮量的 30%。幼苗期吸钾量较少，拔节到抽穗前是吸钾高峰，抽穗前吸钾占整个生育期吸钾量的 50% 左右，抽穗后又逐渐减少。

表 3-1　谷子预期产量与施肥量对照表

目标产量 (Kg/亩)	尿素（Kg/亩）		过磷酸钙 （Kg/亩）	硫酸钾 （Kg/亩）
	普通尿素	控释尿素		
200	4.8	5.2	5.66	11.40
300	7.2	10.8	8.49	17.1
400	9.6	14.4	11.32	22.8
500	12.0	18.0	14.15	28.5
600	14.4	21.6	16.98	34.2
700	16.8	25.2	19.81	39.9

48. 谷子施肥技术有哪些?

谷子的施肥包括基肥、种肥和追肥。

(1) 基肥

谷子多在旱地种植,应在耕地时一次施入有机肥作基肥,一般有机肥每亩用量1000~2000千克,过磷酸钙每亩用量40~50千克。

(2) 种肥

氮肥作种肥施用时用量不宜过多,每亩用硫酸铵2.5千克或尿素0.75~1千克为宜。用农家肥和磷肥作种肥,增产效果也好。

(3) 追肥

追肥增产作用最大的时期是抽穗前15~20天的孕穗期,一般用纯氮5千克/亩为宜。氮肥较多时,分别在拔节期追施"坐胎肥",孕穗期追施"攻粒肥"。在谷子生育后期,叶面喷施磷酸二氢钾和微肥,可促进开花结实和籽粒灌浆。

# 49. 谷子施肥原则是什么？

（1）根据产量确定施肥量。

（2）坚持有机肥为主，有机、无机肥配合的原则。

（3）肥料三要素的施用比例与数量。

（4）旱地谷子应以基肥早施为主。

（5）改进施肥方法，提高利用效果。

50. 春谷生产的中期管理应注意什么？

谷子的一生可分为三个生长发育时期，即生育前期（苗质量决定期）、生育中期（穗、花数决定期）、生育后期（穗粒重决定期）。谷子的生育中期从拔节到抽穗既是根、茎、叶生长最旺盛时期，又是谷子幼穗分化发育时期，也是根系第二个生长高峰期。从孕穗到抽穗开花是谷子一生中需水量较多的时期。因此，谷子生长中期栽培管理的重点是协调地上部和地下部的生长，围绕促壮根、攻壮秆、保大穗而进行。

生育中期管理的重点是：

（1）及时清垄，谷子从拔节开始，随着气温的逐渐升高，进入了生长的旺盛阶段。为了避免水、肥的消耗，促进植株良好发育，要及时将垄眼上的杂草、谷莠子、杂株、残株、病虫株、弱小株及过多的分蘖彻底拔除，增强群体内部通风透光性能，促进个体发育，提高产量。

（2）及时中耕，拔节期要进行深中耕，这样做不仅可以接纳雨水，而且可以拉断部分老根，促进新根生长，做到控制地上茎部节间伸长，进而促进根系发育，多吸收水肥。孕穗期中耕要浅，以免伤根过多，本次中耕除松土除草外，同时进行高培土，促进基部茎节发生次生根。

（3）合理追肥，根据土壤肥力状况和植株生长发育的需要，适时适量进行追肥，可以在拔节始期追"坐胎肥"，孕穗期追"攻籽肥"。

图 3-1　建设谷子示范基地，提升谷子种植水平

51. 保证旱地谷子获得高产的关键环节有哪几个？

旱地春谷生产要获得高产，关键环节有 3 个。一是选用优良新品种。谷子优良新品种一般都有"胎里富"的特点，选择应用优良新品种比一般品种能增产 10% 以上。同时，优良新品种还可能因为具有早熟或极早熟特性，可以推迟播种期晚播或者复种，这样可以回避因为春旱无法下种而在遇雨后晚播，起到防灾增产的目的。二是充分利用以提高有限降水资源利用率为主的耕作栽培技术。旱地谷子生产的主要限制因素是水分，在有限降水条件下，只有提高雨水的利用，才能获得较高产量。提高水分利用的耕作措施包括了传统的旱地耕作蓄水保墒技术，即可以通过深耕蓄墒、中耕保墒、适时早播抢墒、及时镇压提墒等措施，蓄住自然降水，减少水分损失，提高水资源利用率，以保证谷子生长发育对水分的需求。提高水分利用的栽培技术主要有应用地膜覆盖栽培技术，目前普遍应用的谷子膜侧栽培技术不仅具有明显的集雨作用，在谷子生长发育早期还具有明显的增温和抑蒸保墒作用。三是要加强田间管理。比如要适时间苗定苗，适时防治病虫害，充分利用降雨追施肥料，防止雀害等。

52. 旱地谷子丰产栽培各生长发育阶段管理的措施有哪些？

旱地谷子丰产栽培各生长发育阶段管理的措施是：

（1）苗期管理　谷子生长发育的苗期到拔节阶段以根系建成为中心，这一阶段管理的主攻方向是适当控制地上部分生长，促进根系发育，培育壮苗。要在三墒整地、施足底肥、精选良种的基础上，通过蹲苗、早间苗、早中耕等措施，促进根系发育，达到壮苗目的。

（2）穗期管理　谷子营养生长和生殖生长并进期，茎叶生长旺盛，各种生理过程活跃，对养分的竞争剧烈，这时是谷子一生吸收水肥的高峰阶段，这一阶段管理的主攻方向是协调营养生长和生殖生长的关系，达到株壮穗大。这一阶段要在合理密植的基础上，结合降雨或浇水，追施速效氮肥，同时深中耕，清垄以减少水肥的消耗，达到苗脚清爽、株型匀称、秆粗穗大。

（3）粒期管理　谷子抽穗后，发育中心是开花受精，建成籽粒，这一阶段管理的主攻方向是防早衰，延长叶片寿命，提高成粒率，增加粒重。可以通过叶面喷肥、巧施粒肥、提高光合能力、减少秕谷等来达到增产目的。

53. 谷子收获和贮藏应注意哪些问题？

谷子的收获和贮藏是保证谷子丰收和质量的重要内容，应注意以下几个方面：

（1）适时收获是保证谷子丰产丰收的重要环节，收获要根据谷子籽粒的成熟度来决定。收获过早会造成籽粒不饱满，青粒多，籽粒含水量高，籽实干燥后皱缩，千粒重低，产量不高，而且过早收获后，谷穗及茎秆含水量高，在堆放过程中易受热发霉，影响品质。收获过迟会造成茎秆干枯易折，穗码脆弱易断，谷壳口松易落粒。一般谷子以蜡熟末期或完熟初期收获最好。

（2）收获时割下的谷穗要及时进行摊晒，防止发芽和霉变。

（3）谷子的脱粒可采用畜力或车辆碾场，也可采用机械脱粒。碾场时谷穗平铺的厚度以13~16厘米为宜，注意清理干净场地，防止杂质、砂粒等混入谷子中影响质量。

（4）收获的谷子具有一定的生命力，不仅能进行呼吸作用，而且对水分的吸附能力也较强。因而在贮藏期间，要注意降低温度和减少水分，抑制呼吸作用，减少微生物的侵害。谷子的贮藏方法有两种，一是干燥贮藏,在干燥、通风、低温的情况下,谷子可以长期保存不变质;二是密闭贮藏,将贮藏用具及谷子进行干燥,使干燥的谷粒处于与外界环境条件相隔绝的情况下进行保存。

图3-2　农民正在收获成熟的谷穗

54. 现在生产上主要谷子品种有哪些？

截止到2016年，中国通过国家和省级审定和鉴定的谷子品种累计达到870余个，截止到2021年，中国完成谷子新品种登记500余个，涵盖了春谷区和夏谷区，有常规品种、杂交品种、饲草专用品种和粮饲兼用品种。随着育种技术的进步和产业化的发展，谷子品种的更新换代也逐步加快。下表列出了四大产区种植面积比较大的品种：

表3-2 谷子主产区主要种植的谷子品种

种植区域	主推品种
东北春谷区	公矮5号、公矮8号、九谷18、九谷19、九谷20、龙谷25、龙谷35、黄金苗、红谷子、豫谷31、冀谷40、中谷2、金苗K1
山西、陕北	长生07、长农35号、晋谷40号、沁黄2号、晋谷21号、晋谷29号、汾选3号、晋谷57号、晋谷54号、金苗K1
华北夏谷区	冀谷31、中谷2、中谷1、冀谷36、冀谷37、冀谷38、冀谷39、衡谷13、沧谷6号、沧谷7号、保谷20、保谷21、豫谷23号、豫谷33、豫谷31、济谷16、张杂谷11
北方早熟春谷区	大同34号、大同36号、晋谷33号、晋谷21号、晋谷40号、大同35号、陇谷11号、张杂3、张杂5、张杂13、张杂19、金苗K1

 55. 谷子高产栽培应掌握哪些技术要点？

谷子的生育特点可以概况为"六喜六怕"。

一是喜轮作怕重茬，谷子重茬地病害严重，杂草严重，谷莠子多。

二是播种时喜墒怕干，谷子虽然是耐旱节水作物，但是如果墒情不足，容易造成缺苗断垄。

三是出苗后喜疏怕稠，如果不及时间苗，或留苗过于密集，会影响后期生长，造成秆弱穗小，易倒伏并减产。麦茬谷适宜行间距40厘米左右，春播谷适当加大行距。出苗后5~6叶期间苗，提倡手提间苗或小撮留苗，一般品种亩留苗4~5万株。

四是拔节前喜蹲怕发，拔节前肥水过于充足，或田间郁蔽，通风透光条件差，造成拔节期生长过快，容易发生倒伏。

五是拔节孕穗期喜水怕旱，拔节孕穗期干旱，容易形成"卡脖旱"，抽穗不畅或抽不出穗，或形成畸型穗。

六是开花灌浆期喜晒怕涝，谷子开花灌浆期需要充足的阳光，日照充足，小花开得快，且花粉量充足，小花授粉效果好，并且有利于叶片进行光合作用，制造大量的光合产物，形成较高的产量。

56. 谷子地膜覆盖栽培的好处有哪些？

（1）利于旱地谷子出苗

地膜覆盖栽培具有增温保墒作用，能有利于早出苗、保全苗、出壮苗。

（2）利于旱地谷子高产

地膜覆盖栽培能促进谷子生长发育，使得积温不足地区可以应用晚熟品种，保证晚熟品种成熟获得高产。一般可选择比不覆膜栽培的谷子品种生育期长 5～7 天的品种，增加有效积温 100℃～150℃。

（3）利于提高雨水利用效率

旱地谷子生产的主要限制因素是缺乏水，覆膜栽培具有保墒作用，覆膜后的垄面形成了集雨面，使雨水通过垄面集中到种植沟内，达到小雨变中雨的目的，利于旱地谷子充分利用有限降水。

图 3-3　谷子地膜覆盖栽培技术

57. 谷子地膜覆盖种植主要技术要点有哪些？

（1）选择适宜的覆膜方式

覆膜播种选用厚 0.008~0.010 毫米、宽 75~80 厘米地膜，以平作不起垄为主，有利于充分利用自然降水。先播种后覆膜，采取条播种，播种深度 3.3~4 厘米，一膜两行，大小垄种植，大垄宽 60 厘米、小垄宽 30 厘米，每亩播种量 0.15~0.3 千克，播种后覆土镇压，稍加整形后覆膜。先覆膜后播种的，播种孔距膜边 4~6 厘米，膜上按行穴距打孔（行距 30 厘米，穴距 15 厘米）。打孔深度要一致，墒情差时坐水，播后用湿土填孔，再用半干土压队播种孔。

（2）合理密植

为解决好通风透光条件和中后期倒伏的问题，应采用宽窄种植。根据气候条件、土壤肥力及施肥水平，一般每穴留苗 3 株，每亩应保苗 2~3 万株。

（3）提高覆膜质量

地膜要与地面贴紧，膜面要平，膜边入土 5~10 厘米深，膜边压严，每隔 2~3 米加压土带，防止风大揭膜。膜面要干净，以增大采光量。

58. 谷子地膜覆盖田间管理有哪些?

(1) 护膜

北方春季时,大风天气较多,地膜覆好后要经常检查大风吹起的地膜和膜上较大的破孔,要及时压土固膜,以防风将膜吹开。

(2) 适时放苗

先覆膜后播种的,出苗后立即间苗、定苗,每穴留苗2~3株。先播种后覆膜的,4~5叶时一次放苗。放苗时按穴距要求人工破膜引苗,每穴留3株,进入生长后期,植株根系相互牵制,能有效防止倒伏,称之为"三足鼎立"。定苗后及时封住播种孔。地膜覆盖穴播谷子膜下的杂草生长较快,除结合壅土在膜上压土使地膜紧贴地面、及时密封播种孔等措施外,对从播种孔长出的杂草要及时拔除,其余的在膜上用脚轻踩几遍后,在膜上压土,抑制其生长。

(3) 追肥灌水

拔节孕穗期是谷子营养生长和生殖生长并进时期,这个时期茎叶生长旺盛,幼穗积极发育,对水肥要求迫切,有条件的地区播前施肥不足造成缺肥的,可在此时追肥灌水,一般每亩追施硝酸铵20~30千克,宜早不宜迟。

(4) 防虫

分别于每年的 5 月下旬、6 月初喷洒 1605 粉剂，防治谷子钻心虫，每次每亩用药 1.5 千克。

(5) 除草

用大锄或小锄将步道沟内的杂草除净，拔掉穴孔杂草，防止草荒发生。

(6) 叶面喷磷

开花成熟期叶面喷磷可防早衰、促粒重。一般在谷子开花灌浆期，用磷酸二氢钾 400 倍液或过磷酸钙 300 倍液进行叶面喷雾，有促进早熟、减少秕谷、提高粒重的作用。有条件灌水的应在灌浆初期浅浇灌浆水，但不能在风雨天浇灌，以防倒伏。

图 3-4 覆膜种谷子

59. 旱地春谷地膜覆盖栽培技术有哪些要点?

旱地谷子地膜覆盖栽培技术有 4 个方面要点:

(1) 选地整地,施足底肥

以选择麦、豆等前茬为好,要求地面平整、墒情好,覆膜播种前结合浅耕,一次性施足底肥,一般亩施农家肥 3000~4000 千克、尿素 15~20 千克、普通过磷酸钙 40~50 千克。

(2) 选择适种品种,进行种子处理

选用适合当地生态条件的抗旱、抗寒、抗病、抗倒伏、晚熟丰产的谷子品种。对选好的种子播前晒种 1~2 天,用药剂拌种以防黑穗病。

(3) 起垄铺膜,膜侧种植

一般选用畜力牵引机具,一次完成起垄整形、垄上覆膜、膜侧播种、覆土镇压等工序。选用宽 35~40 厘米、厚 0.006~0.008 毫米的地膜,垄宽 50 厘米,垄高 10 厘米,垄间距 25 厘米左右,垄顶呈圆形,每垄两侧各种一行谷子,行距 15~20 厘米。一般播种深度 3~4 厘米。

(4) 田间管理

及时查苗情,发现缺苗后,要用相同品种种子浸种,催芽补种,以保证全苗。播种后经常检查田间覆膜情况，严禁人畜践踏，及时把因风吹起的地膜复位，压平压紧。在3～4叶期后间苗2～3次，5～6叶期定苗。定苗株距10～12厘米，要求亩保苗3万株左右。可选用喷施宝1500倍液或5g/kg磷酸二氢钾与尿素混合液进行叶面喷肥，促进籽粒饱满。

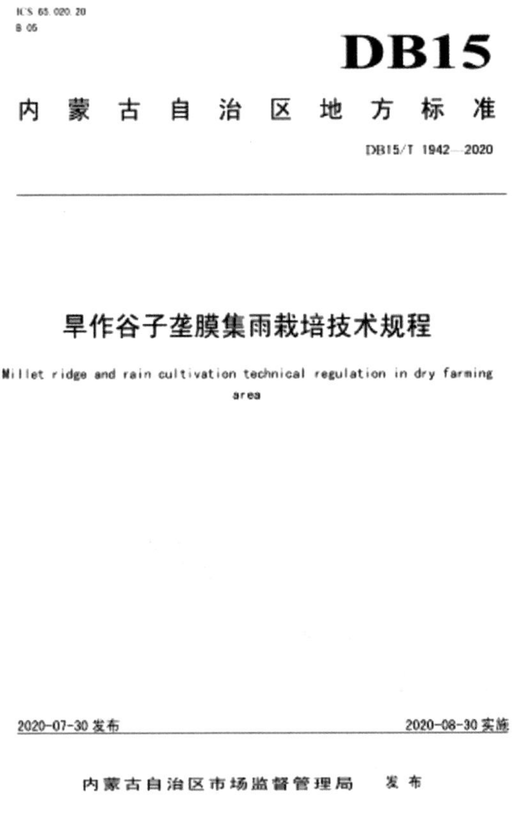
ICS 65.020.20
B 05

DB15

内蒙古自治区地方标准

DB15/T 1942—2020

旱作谷子垄膜集雨栽培技术规程

Millet ridge and rain cultivation technical regulation in dry farming area

2020-07-30发布　　2020-08-30实施

内蒙古自治区市场监督管理局　发布

图3-5　旱作谷子垄膜集雨栽培技术规程

60. 什么是谷子简化栽培技术？

谷子简化栽培技术能够实现化学间苗、化学除草，可大大减轻谷子生产劳动强度，该技术由河北省农林科学院谷子研究所发明，已于2006年获得国家发明专利，目前在河北省中南部、山东、河南等地大面积示范成功，为谷子规模化生产奠定了技术基础。

2003年，河北省农林科学院谷子研究所提出了综合运用育种手段和栽培措施实现谷子简化栽培的技术思路，2006年，"简化栽培谷子品种选育及其配套栽培方法"获得国家发明专利（专利号：ZL200410058088.9）。该方法的核心技术是，利用从加拿大引进的抗除草剂青狗尾草突变材料，通过有性杂交，将其抗除草剂基因导入谷子品种中，同时，改变国内外普遍采用的单纯培育抗除草剂品种的育种方法，通过杂交、回交等育种手段，培育出抗除草剂、不抗除草剂或抗不同除草剂的同型姐妹系或近等基因系，把2~3个同型姐妹系或近等基因系按一定的比例混和播种，通过喷施特定除草剂达到化学间苗、化学除草的目的。河北省农林科学院谷子研究所通过采用该方法，已经育成能够简化栽培的谷子品种冀谷25、冀谷29，这两个品种分别于2006年和2008年通过全国谷子品种鉴定委员会鉴定。每亩节约间苗除草用工 2 个左右，每亩可节约开支 160 元。亩增产达到 20kg，按当年谷子平均市场价 4 元/公斤计算，每亩可增收 80 元。

由于谷子具有对光温反应敏感的特性，冀谷 25、冀谷 29 还不能在全国范围内推广，适合在河北省中南部、山东、河南、陕西南部等夏谷区种植，也适合河北省南部地区、山西中部、辽宁中南部春播种植。这项育种方法，河北省农林科学院谷子研究所已经和黑龙江省农科院、甘肃省农科院、山西省农科院、内蒙古赤峰市农科所、吉林市农科院、辽宁省农科院等 10 个谷子育种单位共同开发，5 年内可在这些地区推广应用。

61. 应用谷子简化栽培技术成本是不是很高？

应用谷子简化栽培技术成本较低，目前该项技术需要使用两种除草剂，一种是播种后、出苗前封地使用的除草剂，叫做"谷友"，成本 7 元/亩左右，用于防治双子叶杂草、抑制单子叶杂草；另一种叫"壮谷灵"，于 3~5 叶期于茎叶喷施，用于防治单子叶杂草和谷莠子，同时杀掉多余谷苗。每亩种子和配套除草剂售价 10 元左右，但是每亩可节省用工 2 个左右，同时由于间苗除草及时，还有一定的增产作用。

 62. 谷子简化栽培技术有哪些要点?

（1）播前准备

平整土地，每亩底施农家肥 2000 千克左右或氮磷钾复合肥 15~20 千克，浇地后或雨后播种，保证墒情适宜。

（2）播种量与播种方式

谷子简化栽培技术关键环节之一是要按说明书掌握好播种量，一般情况下，山区丘陵春播地块播种量以 0.8~0.9 千克/亩最佳。最佳的播种方式是采用小型播种机播种，播种量容易控制，播种均匀程度也较高；其次是采用耧播；效果最差的是采用人工播种的方式，播种均匀程度差、播种量也不容易掌握。播种量过大或过少，喷施间苗剂后留苗都不能达到理想的密度。

（3）除草剂喷施时期与剂量

本项技术配套的药剂有两种，即"谷友"和"壮谷灵"。"谷友"为苗前除草剂，对单、双子叶杂草均有效，尤其对双子叶杂草效果好，于谷子播种后、出苗前均匀喷施于地表，每亩最佳剂量是 100 克/亩，最高 120 克/亩，每亩兑水 50 千克。"壮谷灵"是间苗剂，同时也是除草剂，对单子叶杂草（尖叶杂草）具有非常好的除草效果，但对双子叶杂草（阔叶杂草）无效，最佳使用时期为杂草 2~3 叶期、谷苗 4~5 叶期喷施，剂量为 80~100 毫升/亩，兑水 30~40 千克/亩。若谷子播种量过大或杂草出土较早，可以分两次使用"壮谷灵"。第一次在谷苗 2~3 叶期使用，剂量为 50 毫升/亩；第二次在谷苗 6~8 叶期使用，剂量为 70~80 毫升/亩。值得注意的是，如果因墒情等原因导致出苗不均匀时，苗少的部分则不喷"壮谷灵"。注意要在晴朗无风、12 小时内无雨的条件下喷施，确保药剂不会飘散到其他谷田或其他作物地里。"壮谷灵"兼有除草作用，垄内和垄背都要均匀喷施，不要漏喷。喷药后 7 天左右，不抗除草剂的谷苗逐渐萎蔫死亡，若喷药后阴雨天较多，谷苗萎蔫死亡时间稍长。10 天左右查看谷苗，若个别地方谷苗仍然较多，可以再人工间掉少量的谷苗。

（4）中耕培土

谷子封垄前（大喇叭口期），需要深中耕培土，这样可以防治新生的少量杂草；可以结合追肥，追肥后耕地培土可以防止肥料流失；培土后可以刺激气生根生长，防止倒伏，并有增产作用。

63. 谷子出苗不好的原因有哪些？

生产中往往因为谷子出苗不好，造成缺苗断垄的现象，主要是由于以下原因造成：

(1) 土壤墒情不好，土壤的含水量低，造成谷子不能发芽，或者发芽后"吊死"。

(2) 温度不够，温度偏低造成谷子不能正常发芽出苗。

(3) 播种深度不适合，播种过深不利于谷子出苗。

(4) 播种技术不过关，存在漏播的情况。

(5) 底肥、种肥使用不当，种子和肥料掺和在一起，而且量大，造成烧苗。

(6) 播种后下急雨，又经过太阳暴晒或大风天气，造成地皮坚硬，从而发生板结。

(7) 地下害虫危害，如蝼蛄、蛴螬、金针虫、粟鳞斑肖叶甲、拟地甲。

(8) 地膜谷子覆土多，地膜移位，打孔与种子出苗不一致。

(9) 除草剂药害，除草剂喷施不当，或者上茬除草剂残留。

第四篇
谷子杂种优势利用以及新品种选育

64. 品种在农业生产中的作用是什么？

品种是指经过人工或者发现并经过改良，形态特征和生物学特性一致，遗传相对稳定的植物群体。品种是最基本的农业生产资料和最重要的科技载体，是农业科技发展水平的重要标志，通过品种改良，可以实现高产、优质等目标，提高资源利用率，进而保护环境，推动可持续发展。我国选育品种的经验证明，每一次品种更新，都会推动农业迈上一个新台阶。随着科学技术的发展，特别是现代生物技术在农业育种上的应用，新的育种成果将源源不断地为农业发展注入发展动力，促进农业更快发展。

65. 什么是谷子的杂种优势？

谷子杂种优势是自然界中普遍存在的一种现象。两个遗传性不同的品种进行杂交，其杂种一代表现出比双亲更强的生活力、生长势、适应性、抗逆性和丰产性，这种杂交一代超过双亲的现象，就称为谷子的杂种优势。

66. 谷子杂种优势利用有几种途径？

（1）三系法（简称不育系）
（2）二系法
（3）显性法
（4）化学杀雄法

67. 杂交谷子有哪些好处？

（1）产量高，经济效益显著

谷子杂交种比当地常规种普遍增产幅度达30%以上，亩增产100千克以上，亩增收超过260元。

（2）抗逆性、稳产性、适应性好

杂交谷子高抗白发病、黑穗病，适应范围广，产量年度间、地区间变化小，稳产性好，经推广证实是经得起检验的优良种子。

（3）品质好

消费者认为杂交谷子解决了高产与优质的矛盾。小米色泽黄亮，米型整齐一致，口感好，香味浓。

（4）抗除草剂，省工省力

杂交种除草、间苗可以通过喷施特定的除草剂来完成，节省用工，易于简化规模栽培，使种植户种植谷子同种植玉米一样省事。

68. 杂交谷子能自己留种吗?

不能留种。杂交谷子和杂交玉米、杂交水稻一样，只能种一年，不能留种，需要每年更换种子。如果留种再种，产量和品质会急剧下降，给种植户带来经济损失。

69. 杂交谷子如何制种，应注意什么?

杂交谷子制种技术性强，并且为了保护知识产权，目前制种由张家口市农科院独立完成。简单地说，杂交谷子制种就是将母本和父本以不同的行数相邻种植在一起，通过调整播期、父母本密度，并加以人工辅助授粉，让母本尽可能多地结实。母本收获后，经过质量鉴定、清选、加工、包衣、灌装等程序，加工出来的种子就是合格的杂交种。经过努力，杂交谷子制种产量已稳定在100公斤/亩，制种田产量与生产田用种比100∶1，该技术现已成熟，达到产业化应用水平。

 70. 杂交谷子栽培同常规谷子栽培有什么不同,应注意什么问题?

杂交谷子也是谷子,其栽培措施除留苗密度和施肥与常规谷子不同外,其余栽培措施按照常规谷子操作即可。

(1) 留苗密度

杂交谷子个体优势明显,为提高杂交谷子的产量就要充分发挥个体优势,应该稀植栽培。经过近年的摸索和试验,研究人员总结出杂交谷子春播品种的最佳密度在0.8万~1.2万株,夏播品种的最佳密度在2万~3万株。稀植栽培的好处有两点,一是留苗少了,可以直接用锄头间苗,节省了用工;二是用常规谷子2~3株的营养和水分供应1株杂交谷子所需,可以充分发挥个体生产潜力,也表现出了更好的抗旱性和抗倒伏性。

(2) 施肥

作物产量是靠肥料、水分、光照、热量等换来的,对于种植在旱地的谷子,为提高产量只能增加肥料的投入。杂交谷子具备了比常规谷子更高产的潜力,相应的肥料投入也要比常规谷子多一些。研究人员提倡在定苗时结合中耕施肥5公斤,拔节期结合中耕施肥10公斤,孕穗期追肥10公斤。

71. 谷子"三系"是指什么？

谷子"三系"是指相互配套的雄性不育系、雄性不育保持系、雄性不育恢复系。

72. 什么叫谷子雄性不育系？

谷子雄性不育系（简称不育系），是指雄蕊发育异常，失去受精能力，雌蕊正常，具有受精能力，且这一特性能稳定遗传。不育系在套袋或其他隔离条件下不能自交结实。

73. 什么叫谷子雄性不育保持系？

谷子雄性不育保持系（简称保持系）应是一个纯系或纯的品种，群体整齐，花药发达，花粉量多，自交结实正常，保持系与不育系主要性状基本一致。保持系的特点是以其花粉给不育系授粉，所产生的下一代仍是不育系，保持系能将不育系的不育特性一代代地保持下去。

74. 什么叫谷子雄性不育恢复系？

谷子雄性不育恢复系（简称恢复系）是使不育系恢复正常结实的品系（种）。恢复系雌雄蕊正常，能自交结实，并能将其花粉授于不育系，所结种子长成的植株，其育性恢复正常，并且在产量等性状上具有明显的杂种优势。

75. 中国从何时有了杂交谷子？

1959年，河南省新乡市农业科学研究所采用有性杂交技术育成了我国第一个谷子杂交种，叫做新农冬2谷。

76. 什么叫两系法？

所谓两系法，即利用雄性不育系自我繁殖，与恢复系配制生产杂交种，两系法杂种优势利用只需两个育种材料，即光（温）敏核不育系和恢复系，不用保持系。光（温）敏核不育系在低温或短日照条件下可以自交结实，繁殖种子；在高温或长日照条件下则表现不育，可以用来与恢复系制种，生产杂交种子。

77. 一般获得雄性不育材料有几种途径？

（1）从自然界的谷田中选出雄性不育材料。

（2）采用理化处理，产生雄性不育材料。

（3）通过人工杂交，产生雄性不育材料。

78. 两系法的优点是什么？

（1）由于不育系能自交保持，故在种子生产中只需要不育系和恢复系即可，两系法简化了原种繁殖和种子生产程序，有利于降低成本、提高效益。

（2）由于育性受细胞核基因控制，育性表现与细胞质无关，因而较易育出更多类型的雄性不育系，而这些不育系与所有谷子品种杂交，F代正常结实，从而避免了质核互作雄性不育性的恢保关系对F代的育性制约，两系法比三系法配制组合更自由。

（3）在新的光（温）敏核不育系的选育方法上，使用两系法既可以通过连续隔代回交，以选育某一品种的不育系，也可以采用多亲本的复合交（两个或两个以上的核不育系的杂交），以便从第一个育性分离世代中选育出新的核不育系，从而摆脱三系法中雄性不育系的转育，在这个过程中必须采用严格而繁琐的成对回交选育方法，这样便容易实现不育系的多类型化。

 79. 谷子杂种后代选择的具体做法是什么?

根据当地的自然条件，对杂种后代针对育种目标进行培育和选择，是杂交育种的重要环节。

杂种第一代（F_1）：对照亲本性状，鉴别并淘汰假杂交个体，选择健壮、无病的真杂交植株。

杂种第二代（F_2）：是性状分离比较复杂的世代，出现具有倾向父母本的性状、中间性状和超亲现象。也是选择的重要世代，在选择上以千粒重、秆高、穗长、基秆强度及抗病、抗虫能力等性状为重点，淘汰不良组合。

杂种第三代（F_3）：是主要经济性状继续分离的世代，就频率来看，部分组合的分离比F_2代有明显缩小的趋势，少数品系开始稳定。要严格淘汰不良组合和不良株系。对仍在分离的优良株系，继续按单株进行选择。

杂种第四、第五代（F_4、F_5）：大部分材料在产量性状上已趋于稳定。选择时应以产量性状为主，除生态类型差异较大、亲缘关系较远的组合之外，F_5代一般不再进行单株选择。入选的品系要进行考种和测产，产量水平和综合性状应超过标准品种。

第五篇
谷子繁种技术

80. 谷子良种有标准吗，一般要求是什么？

对于商品谷子而言，国家有中华人民共和国国家标准《粟（谷子）》（编号 GB8223-87），小米有中华人民共和国国家标准《小米》（编号 GB11766-89）。对谷子良种而言，良种种子标准参照的是粮食作物良种标准，标准规定了种子质量要求、检验方法和规则等。标准按照良种纯度、净度、发芽率对种子进行分级，可以分为一级良种、二级良种。一般要求一级良种种子纯度不应低于99%，净度要求不低于95%，发芽率不低于95%；二级良种种子纯度不应低于95%，净度要求不低于90%，发芽率不低于90%。

图 5-1　谷子弯腰丰收在望

81. 谷子优质品种有哪些特点，有具体的标准吗？

目前，我国对谷子优质品种没有明确界定，一般优质品种应该具有较好的蒸煮食味品质、碾米品质和商品外观品质。具体的外观品质包括小米色泽、色泽一致性、碎米多少等，优质品种要求小米的色泽鲜艳或具有特殊色泽，透明，一致性好，碎米少。

谷子食味品质目前没有国家标准，现在一般参照执行河北省地方标准（DB/1300 B22-90 优质食用粟品质及其检测方法）。蒸煮食味品质通过蒸煮品尝直接评价或者通过间接指标进行评价，蒸煮品尝直接评价以已知优质品种为对照，各品种用相同的米和水，用相同的灶具在相同的时间进行蒸煮，然后根据米粥香味、黏稠度、口感及冷却后回生情况等多个项目进行评分，总分达到或超过优质对照者为优质类型。通过间接指标进行评价的一般黏稠度大于 115mm 的为优质品种，碱消指数大于 3 的为优质品种，直链淀粉含量占比在 14%~16% 的为优质品种。

82. 我国谷子的地方名优品种有哪些?

我国历史上有四大贡米,即山东省的金米和龙山米,山西省沁县的沁州黄,河北省蔚县的桃花米。四大贡米以煮粥口味醇香而闻名,但它们都是农家品种,产量低且抗性差,现在种植的越来越少。近年来,我国谷子科研工作者将产量高的优质品种进行市场开发。如山西的晋谷21、河北金谷米和冀谷19、黑龙江的龙谷25等,在此过程中也涌现出了"汾洲香""金谷米"等优质小米品牌。

 83. 什么叫谷子良种繁育?

谷子良种繁育就是对新育成、引进和现有良种,采用优良的栽培技术和选种技术,将其迅速扩大繁殖,源源不断地供应大量优质原种、良种,最大限度地延长优良品种的使用年限,充分发挥良种的增产潜力。因此,它是品种选育的继续,是种子生产工作的一个重要环节。

84. 谷子良种四级繁种体系是什么？

谷子良种四级繁种体系指的是包括育种家种子、原原种种子、原种种子和良种种子四级种子繁育的种子生产技术体系。一般而言，育种家种子、原原种子和原种种子的繁育由科研单位从事谷子育种的技术人员承担，而良种种子繁育则由县级种子管理部门或良种场生产。河北省早在1980年就提出了谷子四级繁种体系，河南省质量技术监督局曾在2002年发布了"谷子四级种子生产技术规程"，目前，山西、山东、吉林等谷子主产区的省份都在执行使用谷子四级繁种体系。

85. 谷子良种繁育的主要任务是什么？

（1）迅速而大量地繁殖经审定合格、确定推广的优质种子。

（2）繁殖栽培用种，防止品种混杂退化，保持良种种性，保证供给生产上质量好、纯度高的种子。

86. 谷子提纯复壮的方法有几种?

（1）穗选
（2）混合选择
（3）单株选择
（4）异地换种

87. 谷子品种如何进行防杂保纯?

（1）建立健全良种繁育体系。
（2）制订严格的良种繁育计划，防止机械混杂和生物学混杂。
（3）品种的合理布局与合理搭配。
（4）加强管理工作。
（5）"超量生产"原种。

88. 什么叫谷子原种?

原种是省、地原（良）种场按原种生产要求繁殖的种子或推广的品种，是经过提纯达到原种质量标准的种子，它是用于生产良种的种子。

89. 良种繁殖基地应具备哪些条件?

（1）自然条件

首先要有适合品种要求的温度、湿度、日照等气候条件，其次还要有土壤肥沃、排灌方便、病害较轻等土地条件。

（2）经济条件

良种繁殖基地应以农业为主，并且这里的经济条件要好，交通要方便，便于种子运输。

良种繁殖基地的生产水平要有科学种田的基础，生产和管理水平较高。

良种繁殖基地的劳动力和技术条件要充足，种植人员要有一定的文化水平，通过培训便可形成当地种子繁育的技术力量，在建立大型基地时，还必须有热爱良种繁育的基层领导干部。

90. 怎样加强谷子良种繁育质量管理?

（1）种子生产专业化

在谷子良种繁育质量管理中，需实现种子的专业化生产，使种子生产真正成为基地各农户的主业。种子产量高低及质量优劣同农户的切身利益密切相关，因此，贯彻种子生产中的一系列技术规程、执行保证种子质量的一系列规章制度至关重要。

（2）严把质量关

在种子生产过程中，要严格执行各项技术操作规程，做好防杂保纯和去杂去劣工作。

（3）精选加工

将种子进行机械加工，是提高种子质量的重要措施。

（4）种子检验

种子检验是保证种子质量的关键措施。

91. 我国各地的品种能相互引种交换吗？

谷子是短日照作物，对光照和温度的反应比较敏感，品种的适应种植范围一般较窄，不能盲目引种推广，但在相似的生态条件地区，谷子品种可以互换引种。例如，西北春谷区的陕西榆林长城沿线、宁夏南部地区、甘肃中部地区、内蒙古、山西大同地区、河北张家口地区，这些地区生态条件类似，可以相互引种交换。夏谷区的山东、河南、河北，条件类似地区的谷子品种也可以引种交换。春谷区的山西长治、陕西延安、甘肃陇东、辽宁辽阳等地区的生态条件类似，谷子品种可以引种交换。谷子引种互换必须遵循严格的引种原则，通常必须经过一年的引种观察试验，在对引种品种特征特性观察鉴定的基础上，确定其适宜的种植区域后才能推广种植。

92. 为什么不提倡农民自己留种？如果自己留种，应注意哪些问题？

在全国各地实施种子工程以来，为了保证种子的质量和提高良种的综合生产能力，良种种子都实行统供，因此一般不提倡农民自留种子。在一些边远地区和生产条件较差的地区，由于良种无法统供，农民还习惯于自留种子。农民自留种子时，一般需要穗选留种，选择大田中健康无病害、具有典型品种属性的谷穗留种，单穗收获后要及时晾晒，防止谷穗因潮湿霉变，影响种子活力，同时谷穗晾干后脱粒时要防止混杂，脱粒后要单藏，搁置在通风干燥的地方。

93. 有没有饲草谷子专用品种？

谷子在美洲和澳洲是专门的饲草作物，但我国谷子主要是作为粮食作物或粮饲兼用作物，专门做饲草的专用品种培育刚刚开始，还没有通过鉴定的正规饲草谷子品种。但内蒙古自治区农科院作物所、河北省农科院谷子所、中国农科院作物科学研究所和甘肃省农科院作物所等单位，都开始了这方面的工作，已有几个苗头品种在试验阶段，它们的生物产量、粗蛋白质含量、抗旱性等，都比普通品种有显著提高，如目前甘肃中部地区种植的专用饲草谷子品种是红草谷，该品种耐密植，早熟，茎秆细。

94. 适合产业化生产的谷子新品种有哪些基本特征？

现阶段，生产和消费市场对谷子新品种的要求主要有：

（1）品质优，包括商品性好，食味品质好，易于蒸煮，营养丰富。

（2）适合轻简化种植，主要体现为抗除草剂，减少了除草和间苗的难题，适合机械化生产，株高适中，抗倒伏能力强，对主要病害抗性强，株型利于机械化收获，脱粒容易。

（3）具有丰产性，能给种植户带来比较好的收益。

（4）专用品种，如加工专用品种、饲草专用品种等特定用途的品种。

第六篇
谷子的病虫害防治和安全生产篇

95. 谷子的有害生物有哪些？

谷子是我国一种古老的农作物，历史上曾遍布全国各地。在长期耕作和生产过程中，谷子逐渐适应了我国不同地区多变的气候条件和复杂的地理生态环境，这种广泛的适应性造成了危害谷子的病虫种类的多样性、复杂性和典型性。

通过近几年对全国谷子病虫草害普查，科研人员初步明确了危害我国谷子的主要病虫草害有百余种，另外，还有鸟害和鼠害。不同谷子种植区域病虫草害差异较大。

我国春谷区谷子主要病害有：锈病、白发病、谷瘟病、红叶病、线虫病、黑穗病、纹枯病等。谷子的虫害主要有：粟芒蝇、玉米螟、黏虫、粟跳甲、粟叶甲、粟灰螟、蛴螬、蝼蛄、黏虫、红蜘蛛等。

 96. 谷子病虫害生物防治方法有哪些？

（1）利用害虫天敌

例如，用赤眼蜂防治鳞翅目害虫，利用草蛉、瓢虫、食蚜蝇、猎蝽等捕食蚜虫等。

（2）微生物防治

例如，用苏云金杆菌、白僵菌、绿僵菌防治鳞翅目害虫。

97. 谷子病虫害农业防治方法有哪些？

谷子病虫害农业防治主要是在播种前对种子进行处理。

（1）晒种

播前晒种既可以提高种子的生活力，又可以通过阳光照射，杀死黏附在种子表面的病菌。方法是：选择在晴天把种子摊开翻晒2~3天，厚度以2~3厘米为宜，注意不要在水泥地和柏油路上晒。

（2）浸汤浸种

选种播前采取温汤浸种能杀死黏附在种子表面的线虫等。方法是：将种子放于55℃的温水中浸泡10分钟，捞出漂浮的秕谷及杂质，将沉下的籽粒取出晒干即可。此外，在地下害虫严重的地块，应结合春耕用40%的甲基异柳磷对土壤进行处理。在种植的过程中，要注意精耕细作，合理密植，加强水肥管理，采用配方施肥技术，增施腐熟有机肥，注意微量元素的使用，以增强谷子的整体抗性。结合中耕除草拔除病虫植株，及时清理农田、地埂和房前屋后的植株残体，以便消灭传染源。

98. 谷子病虫害物理防治方法有哪些?

为减少环境污染，同时达到有效防治谷子病虫害的目的，常采用以下方法。

（1）诱杀蛾科害虫

将糖、醋、酒、水按照3：4：1：2的比例调匀后，再按1：100的比例加入50%的敌百虫可湿性粉剂，搅匀后放于盆内，保持溶液深度3.3厘米左右，傍晚将盆放在田间，诱杀成虫。也可在每公顷的麦田和谷田里放上75个大谷草把，将大谷草把分别吊在离地1~1.5米高的木棍上，每隔20~30米插一个，每日清晨抖草把，把落在地上的蛾子踩死。成虫盛发期，可在田内插小谷草把，诱集成虫产卵。每亩地可散插10~15个小谷草把，草把应高出作物30~70厘米。大、小草把都应5天更换一次，换下后烧掉。

（2）黄板诱杀

在谷子田内悬挂黄色粘虫板或黄色机油板诱杀蚜虫等效果显著。方法是：每亩悬挂自制黄板20~25个（黄板的大小为50cm×50cm或50cm×70cm）。

99. 谷子病虫害化学防治方法有哪些?

（1）拌种

在谷子白发病和黑穗病发生区，可用35%甲霜灵种子处理干粉剂（防治白发病）、40%拌种双可湿性粉剂（防治黑穗病）、2%立克秀湿拌种剂，用药量为种子量的0.2%~0.3%，也可用25%瑞毒霉可湿性粉剂或35%瑞毒霉拌种剂，按种子量的0.3%~0.5%拌种。在地下害虫严重的地区或田块，可用60%高工悬浮剂、20%康宽悬浮剂，以种子量0.2%拌种，这样做既可以杀死线虫，又可以治理粟鳞斑叶甲、蝼蛄、金针虫、步甲、拟地甲等多种地下害虫和苗期害虫。

（2）使用种衣剂

种衣剂是一种胶体物质，是把含有杀虫剂、杀菌剂及微量元素的糊状物质，通过机械手段搅拌黏附在种子上，形成一个小药库和小肥库，为种子发芽创造防病、防虫、补充营养的小环境，可达到苗全、苗早、苗壮。

（3）喷雾

发病前期预防或发病期按农药使用说明进行喷雾。

100. 什么是谷子的白发病，怎样防治？

谷子白发病是一种土传病害。谷子种子自萌芽到成熟，各生长期的白发病表现出不同症状。幼芽被侵后弯曲变褐而腐烂，此时称为烂芽；在幼苗期，叶片产生与叶脉平行的苍白色或黄白色条纹，并在叶片背面生长有密生的粉状白色霉菌，称为灰背。在孕穗期，病株上部叶片变黄白色，心叶不展开，直立于田间，形成白尖或枪杆。在抽穗期，病株的黄白色心叶逐渐变红褐色，叶片纵裂成细丝，仅残留黄白色的植株维管束，卷曲如发状，称为白发。病菌侵染穗部后使穗上全部或一部分颖片伸长，呈刺猬状，此时称看谷老。病菌的卵孢子在土壤、肥料和种子上越冬。病菌可在土壤中存活2~3年，谷子发芽时，病菌从芽鞘和幼根表皮直接侵入，随生长点扩展，然后在幼苗叶部形成灰背，产生的大量孢子囊随风雨传播，从幼苗心叶侵入，进而产生系统症状。因此，苗期多雨时，白发病发病较严重；连作田菌源数量大或肥料中带菌数量多，病害发生严重；土壤墒情差，出苗慢，播种深或土壤温度低时，病害发生亦严重。

防治方法：播前可用35%精甲霜灵可湿性粉剂按种子重量的0.2~0.3%拌种。并及时拔除灰背、白尖等病株，随后将病株带出田外烧毁或深埋。

灰背　　　　　　　　　枪杆

白发　　　　　　　　　刺猬头

图 6-1　谷子白发病的典型症状表现

101. 谷子锈病有什么症状？如何防治？

锈病是谷子比较严重的病害，夏谷尤其突出。谷子抽穗后的灌浆期，在叶片两面，特别是背面散生大量红褐色的圆形或椭圆形的斑点，同时可散出黄褐色粉状孢子，像铁锈一样，这是锈病的典型症状。锈病发生严重时可使叶片枯死。

谷锈病病菌夏孢子，是一般锈病病原，随谷草、肥料在干燥场所，或随病残体在田间越冬。在每年的7月下旬，夏孢子遇雨水溅落到叶片，萌发后通过气孔侵入叶片，在表皮下或细胞间隙中生长，约10天后产生夏孢子堆，也就是发病，新形成的孢子通过空气广泛传播，落在叶片上，若湿度合适就会形成再侵染，这时的夏孢子堆可连续产生夏孢子，进而引起该病的

图 6-2　谷子锈病的叶部症状

暴发流行。流行过程一般可分为发病中心形成期、普遍率扩展期、严重度增长期。在发病中心形成期,发病始期的病叶率在逐渐增加,严重度没有发展。在普遍率扩展期,发病中心消失转为全田发病,病株率、病叶率急剧增加,为田间流行提供了充足菌源。所以,在种植感病品种时,锈病发生轻重与越冬菌源量、7~9月份降雨量和田间小气候的湿度紧密相关。

防治办法:最主要的是选用抗病品种,这是最经济有效的措施,另外还需要清除田间病残体、降低田间湿度等。当病叶率达到1%~5%时,可用15%的粉锈宁可湿性粉剂600倍液进行第一次喷药,隔7~10天后酌情进行第二次喷药。

102. 谷子纹枯病这些年有加重的趋势,这种病害的发病规律如何,容易防治吗?

由于谷子种植密度的加大,谷子纹枯病和小麦、玉米等纹枯病一样,近年来有加重的趋势。谷子纹枯病自拔节期开始发病,先在叶鞘上产生暗绿色、形状不规则的病斑,之后病斑迅速扩大,形成长椭圆形云纹状的大块斑,病斑中央呈苍白色,边缘呈灰褐色或深褐色,病斑连片可使叶鞘及叶片干枯。病菌侵染茎秆后,可使灌浆期的病株倒折。环境潮湿时,在叶鞘表面，特别是在叶鞘与茎秆的间隙处会生长大量的菌丝，并生成大量黑褐色菌核。

田间病株残体上或散落在土壤内的菌核，会在适宜的条件下萌发，然后从茎基部侵入，逐步向上扩展，菌丝生长形成菌核，菌核随风、雨水落在健康的植株上，进而导致传播发病。纹枯病菌在土壤内能够继续生长，并形成菌核。如果气温较常年高，则纹枯病发病早，气温下降，病害便停止扩展。湿度对纹枯病影响最大。在气候潮湿地区，病菌侵入植株后，病斑会沿叶鞘连续向上扩展；空气干燥时病斑停止扩展，若再次遇到适宜湿度，病害又会开始扩展侵染。

防治方法：病株率达到5%时，采用12.5%禾果利可湿性粉剂400～500倍液，或用15%的粉锈宁可湿性粉剂600倍液，每公顷用药液450千克，在谷子茎基部喷雾防治一次，7～10天后酌情补防一次。播种前可用2.5%适乐时悬浮剂按种子量的0.1%拌种。

图 6-3　谷子纹枯病的叶部症状

103. 谷穗的"死码子"现象是谷瘟病吗？怎样防治才正确？

谷穗的"死码子"只是谷瘟病在谷穗上的表现，其实从苗期到成株期都可能发生谷瘟病，发生在叶片上叫叶瘟，发生在穗上的叫穗瘟。叶瘟一般从每年的7月上旬开始发生，叶片上先出现椭圆形、暗褐色水浸状的小斑点，后逐渐扩大成纺锤形，灰褐色，中央是灰白色病斑，病斑和健康部分的界限明显。天气潮湿时，病斑表面生有灰色霉状物，有的病斑可汇合成不规则的长梭形斑，致使叶片局部或全叶枯死。在穗期时，一般在主穗抽出后就开始发病，最后完全环绕穗轴及茎节处变褐枯死，进而阻碍小穗灌浆造成早枯变白。当谷子刚进入乳熟期，便在绿色谷穗上出现数量不等的枯白小穗，俗称"死码子"。发病严重时，常引起全穗或半穗枯死，此时病穗呈青灰色或灰白色，干枯、稀松、直立或下垂，通常不结籽或籽粒变成瘪糠。连阴雨天时，雾气大、露水多、日照不足时易发生谷瘟病。

防治方法：在田间初见叶瘟病斑时，用40%的克瘟散乳油500~800倍液或6%春雷霉素可湿性粉剂80万单位（ppm）喷雾，每公顷用药液600公斤。如果病情发展较快，抽穗前可再喷一次。

图 6-4　谷子谷瘟病的叶部症状

图 6-5　谷子谷瘟病的发病症状

 **104. 谷子线虫病到灌浆后期才能认出，而且不容易防治，是这样吗？**

谷子线虫病主要危害穗部，开花前一般不表现症状，所以到灌浆中后期才被发现。感病植株的花不能开花，即使开花也不能结实，颖多张开，其中包藏表面光滑、有光泽、尖形的秕粒，病穗瘦小直立不下垂，发病晚的或发病轻的植株症状多不明显。不同品种症状明显不一样，红秆或紫秆品种的病穗向阳面的护颖变为红色或紫色，尤以灌浆至乳熟期最明显，以后褪成黄褐色。而青秆品种没有这种症状，直到成熟时护颖仍为苍绿色。防治方法：可用0.5%的阿维菌素颗粒剂沟施，轻发生地块每平方米用45~75kg、严重地块75~105kg。播种前可用种子重量0.1%~0.2%的1.8%的阿维菌素乳油拌种。

图6-6 谷子线虫病的叶部症状

105. 谷子黑穗病容易防治吗？如何防治？

谷子黑穗病除病穗外，其他部分不会表现出明显症状，因此抽穗前不易识别，这一点和线虫病很相似。病穗一般不畸形，抽穗稍迟，较正常穗重量轻。病粒、病穗刚开始为灰绿色，以后变为灰白色，通常全穗发病或者和正常籽粒混生。病粒比正常籽粒稍大，内部充满黑褐色粉末。谷子黑穗病属系统性侵染病害，苗期侵染、抽穗后发病。

防治方法：可用40%拌种双可湿性粉剂，按种子重量的0.2%～0.3%拌种。在白发病、黑穗病混合发生地区，可用35%甲霜灵可湿性粉剂加40%拌种双可湿性粉剂（1∶2）混合均匀后按种子重量0.3%拌种。

图6-7　谷子黑穗病的叶部症状

106. 谷子病毒病危害特点如何？如何防治？

谷子病毒病主要分为红叶病和矮缩病。病害发生程度与苗期田间蚜虫及飞虱的带毒虫口密度有关，若田间或田块周围杂草多，易感病。

（1）红叶病

传毒介体主要为玉米蚜，其次为麦蚜和苜蓿蚜等。紫苗品种感病后，叶片、叶鞘、穗均变为红色。绿苗品种感病后相应部位发生黄化。病穗短小，重量轻，不结实或种子发芽率低。严重的不能抽穗，病株矮化，叶面皱缩，叶缘波纹状。

（2）矮缩病

传毒介体为灰飞虱。感病植株节间缩短，植株矮小，病穗短小或不能抽穗。

防治方法：

（1）农业防治

播种前耕翻土地并彻底清除谷田及周围杂草。减少蚜虫、灰飞虱栖息地。

（2）药剂防治

出苗后可用1.8%阿维菌素和4.5%高效菊酯乳油按1∶2比例混配的2500倍液喷雾，用量20千克/亩。防治蚜虫、灰飞虱传毒。

107. 谷子都有哪些虫害？

近年来，谷子的病虫害以前面所述的几种病害相对发生较重，而虫害较轻，这同年度间的气候条件变化等因素有关。

谷子的虫害主要有蝼蛄、金针虫、钻心虫（粟灰螟、玉米螟）、粟茎跳甲、粘虫、粟芒蝇等几种。不同年份间，这些虫害的发生程度不同，不同虫害的防治措施的具体细节也不同，但比较普遍的防治措施是：

（1）结合秋耕、春耕，清除杂草，以减少初侵染源。

（2）合理轮作倒茬。

（3）选用抗、耐病品种，适期播种。

（4）合理施肥，加强管理，增强植株抗病力。

（5）适时适量喷洒农药。

108. 地下虫害（蝼蛄、金针虫、蛴螬）的危害特点有哪些？

地下害虫主要在苗期危害，蝼蛄在土里穿行，咬食刚发芽的种子或由基部切断谷苗造成死苗，多在谷苗刚出土时危害，被害谷苗的断裂处为乱麻状。蛴螬主要危害是在谷苗地下根基。金针虫通过钻蛀根基造成枯心致植株死亡，被害部位可见明显的钻蛀孔。地下害虫发生严重可造成缺苗断垄。

109. 地下虫害如何综合防治？

（1）用种子量0.1%的50%辛硫硝乳油或40%的毒死蜱乳油拌种。

（2）蝼蛄发生严重地块可采用田间撒毒谷的方法进行防治。可用50%辛硫磷乳油或40%毒死蜱乳油100毫升兑水500毫升，加千克煮熟的谷子，拌匀，晾干后于傍晚施用，每亩用3千克。

（3）蛴螬和金针虫发生严重地块可在播种沟施5%毒死蜱颗粒剂，每亩用2~3千克。

110. 苗期鞘翅目害虫的危害特点有哪些？

谷子苗期危害的鞘翅目害虫主要有粟叶甲、粟跳甲、粟鳞斑叶甲。危害特点如下：

（1）粟叶甲

以幼虫危害为主，成虫亦可危害。幼虫舔食心叶叶肉，造成宽白条状食痕。成虫沿叶脉啃食叶肉，只留下表皮，成断续状白条。

（2）粟跳甲

以幼虫危害为主，成虫亦可危害。幼虫由茎基部咬孔钻入，造成枯心，可导致缺苗断垄。成虫危害幼苗叶片表皮组织成白色断续条斑，与粟叶甲成虫危害相似，但较粟叶甲危害条斑窄且短。

（3）粟鳞斑叶甲

主要以成虫危害。谷子萌发出土时，危害谷苗生长点，使幼苗未出土即死亡。谷苗出土后，危害幼苗基部，造成死苗，称为"土截"或"虫截"。轻则造成缺苗断垄，重则可造成毁种。

图6-8 谷子粟叶甲的成虫、卵及危害症状

  111. 苗期鞘翅目害虫防治措施有哪些？

（1）药剂拌种

用种子量0.1%的50%辛硫磷乳油或种子量0.2%的70%吡虫啉可湿性粉剂拌种。

（2）药剂防治

粟跳甲危害田间枯死苗率为1%～3%时，可用4.5%的高效氯氰菊酯乳油、20%氰戊菊酯乳油2000倍液喷雾进行防治，并兼治粟叶甲。粟鳞斑叶甲发生较重地块可在辛硫磷或吡虫啉拌种基础上，出苗后喷10%吡虫啉可湿性粉剂1000～1500倍液进行防治。

112. 黏虫如何防治?

黏虫防治的最好办法就是结合预测预报，早发现早防治。当田间黏虫处于3龄以下时，用90%敌百虫晶体、80%敌敌畏乳油800倍液，或1.8%阿维菌素乳油2000~3000倍液，或20%氰戊菊酯乳油2500倍液喷雾，以上方法对黏虫的防治效果很好。

同时，在成虫盛发期，可结合谷草把引诱成虫栖息和产卵的方法进行防治，具体方法为：每把20根谷草，长50厘米，把距10米，在白天时把草把拨出，用手拍打草把，将掉下的成虫杀死，3~4天换一次草把，连续更换两次，并把换下的草把烧毁，这种方法也可起到较好的防治效果。

图6-9 黏虫的幼虫、成虫危害谷子的症状

113. 谷子粟芒蝇危害特点及发生规律如何？如何进行综合防治？

粟芒蝇的危害特点是从苗期到抽穗期均可危害，幼虫破坏植株生长点，出现枯心苗、畸形穗、白穗等症状。春谷区一年发生两代，以二代危害为主。夏谷区一年发生三代，以二代、三代危害为主。发生严重年份可导致毁种。

防治技术：

（1）选用抗性品种

（2）药剂防治

田间枯心苗率在1%～5%时，用2.5%溴氰菊酯乳油或4.5%高效氯氰菊酯乳油2000～2500倍液喷雾，重点喷茎秆部。

114. 粟灰螟如何防治？

在拔节至抽穗期间，用2.5%溴氰菊酯或20%氰戊菊酯3000倍液喷雾；用苏云金杆菌粉500克加10～15千克滑石粉或其他细粉混匀配成500倍液喷雾。

115. 双斑长跗萤叶甲如何防治？

危害特点：双斑长跗萤叶甲主要在穗期危害，抽穗时易食叶肉，留下表皮对产量影响不大，谷子抽穗后，集中穗部危害为食籽粒。

防治技术：

（1）人工捕捉：在成虫盛期可扫网捕杀。

（2）药剂防治：在成虫盛发期喷洒20%氰戊菊酯乳油2000倍液或10%吡虫啉可湿性粉剂1500~2000倍液。

116. 蚜虫如何防治？

（1）方法一：用敌敌畏80%乳油75~100毫升，兑水3.5~4千克稀释。然后将其喷洒到10~15千克谷糠上，每亩谷田撒施5千克，或是用10%吡虫啉可湿性粉剂3000倍液喷雾。

（2）方法二：在打药用水方便的情况下，用高效氯氟氰菊酯防治，具体方法为每亩用4.5%乳油1500~2000倍液进行喷雾。

117. 鼠害如何防治？

晚上，在危害处或鼠洞附近撒施毒饵，可以使用0.005%溴敌隆玉米渣毒饵、0.05%敌鼠钠盐玉米渣毒饵、0.005%溴鼠灵玉米渣毒饵。

118. 鸟害如何防治？

（1）选用比较抗鸟害的品种，例如，选用穗上刚毛较长，或穗下垂鸟不容易取食的品种。

（2）在谷田挂彩旗、假人，设粘鸟网、扣防鸟网、鸣枪等。

（3）大面积连片种植谷子。

图6-10 鸟害严重的小面积谷子种植地

119. 谷子田间草害如何防治？谷子田间除草剂有哪些？

谷子田间主要草害：灰菜、狗尾草、谷莠子、刺儿菜、野牵牛花、藜、小藜、荠菜、苦荬菜、打碗花、刺儿菜、反枝苋等；谷田除草以人工锄草为主，除草与中耕结合在一起，这样做能够节省开支。

田间除草剂主要有：谷友、萎去津、扑灭净、2,4-D丁酯等。

120. 谷子包衣有哪些好处？

对谷种包衣是种子加工内容之一。有针对性地选用杀虫剂、杀菌剂、肥料、微量元素、植物生长调节剂等营养物质，这样做的主要目的是有效控制地下害虫和苗期病虫害。增强作物的抗逆性，如抗旱、抗寒、抗盐碱，达到保苗壮苗促生长的作用，为后期生长发育打下良好基础，能有效提高谷子产量。

第六篇 谷子的病虫害防治和安全生产篇

图6-11 谷子地草害严重

 **121. 什么叫种子丸粒化？种子丸粒化有什么好处？**

种子丸粒化是利用水和易分散的黏着剂与种子充分混匀，使每粒种子表面上涂上一层黏着剂，然后让种子在滚动罐中滚动，根据不同的目的加入相应的粉料、农药、微肥和植物生长调节剂等。随着种子的不停滚动，粉料、农药、微肥和植物生长调节剂黏附在种子表面，最后形成大小适中的种球。

好处：

（1）种子丸粒化可以达到精量播种，解决谷子间苗费工、费时的难题。

（2）由于种子丸粒化过程中加入了农药、微肥和植物生长调节剂，因此，丸粒化谷种也具有综合防治谷子苗期病虫危害、提高保苗率、促根壮苗、增加产量的作用。

122. 无病种子和清洁生产防控谷子种传病害具体怎么执行？

种传病害就是以种子带菌传播病害为主，尽管有的病原菌落入土壤，土壤也能带菌并侵染植物引起病害，但是，该病菌在土壤中不能繁殖。无病种子的应用和田间清洁生产是杜绝病害发生的主要途径。谷子病害主要有黑穗病、白发病、线虫病等。2011年又发现谷子线虫病由夏谷区传入春谷区，为此，应尽快采取措施控制谷子线虫病在春谷区扩散，采用无病种子和清洁生产方式控制该类病害的发生是谷子病虫害绿色生产的重要途径。

利用无病种子和清洁生产解决种传病害问题有三大好处：

1. 杜绝病害进一步扩散。可以尽快遏制谷子线虫病在春谷区扩散，也可以减少种传病害在疫区继续扩散。发病地块是通过风力传播病菌污染种子，特别是秸秆还田，病株和健株一起收获会大大提高种子带菌率，加速病害扩散速度。

2. 节约大量用于种子处理的农药。种传病害一般都要对种子处理来进行防治，例如，谷子白发病是谷子产区的主要病害，必须采用种子处理防治，按照目前我国谷子种植 2000 万亩计算，这一种病害每年需要使用农药至少 40 吨。

3. 解决了产业化生产的倒茬问题。例如，谷子白发病菌、谷子病原线虫都能在土壤中存活 2~3 年以上，种植一年后，往往需要与其他作物倒茬 1~2 年后再次种植，这样会给专业化种植大户带来很大的不便，不利于扩大谷子种植规模。

在谷子灌浆中期，当病菌孢子没有散发时，在田间拉网式剪掉"灰白色"病穗，然后集中将其进行深埋处理，这样做可以保障种子不带菌。如果能够严格执行，连续 2~3 年就可以彻底解决黑穗病的危害。

白发病发生普遍且严重，完全进行清洁生产难度很大。目前，可以使用高效药剂进行防治，这样做能够大大减少田间发病率。

1. 无病种田种植

选择 2~3 年没有种植谷子的农田进行繁种。

2. 种子处理

用 35% 甲霜灵种衣剂按照种子量的 0.2%~0.3% 进行拌种（先正达的精甲霜灵效果好），防效可以达到 80%~90%，降低了田间发病率。

第六篇　谷子的病虫害防治和安全生产篇

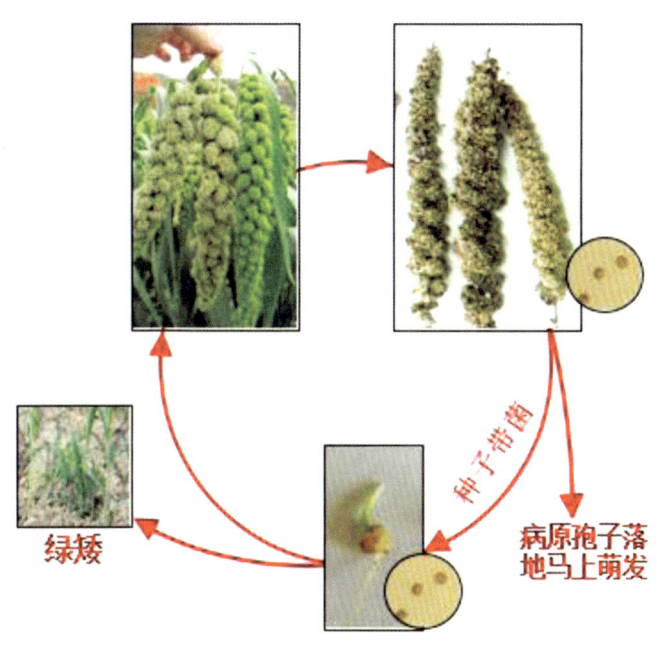

图 6-12　谷子粒黑穗病传播途径

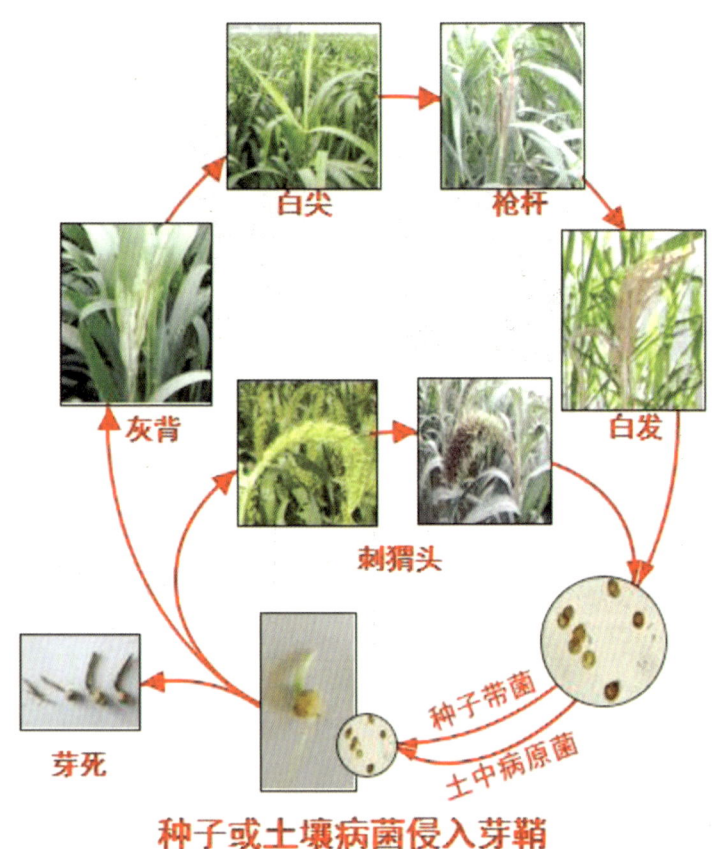

图 6-13 谷子白发病传播途径

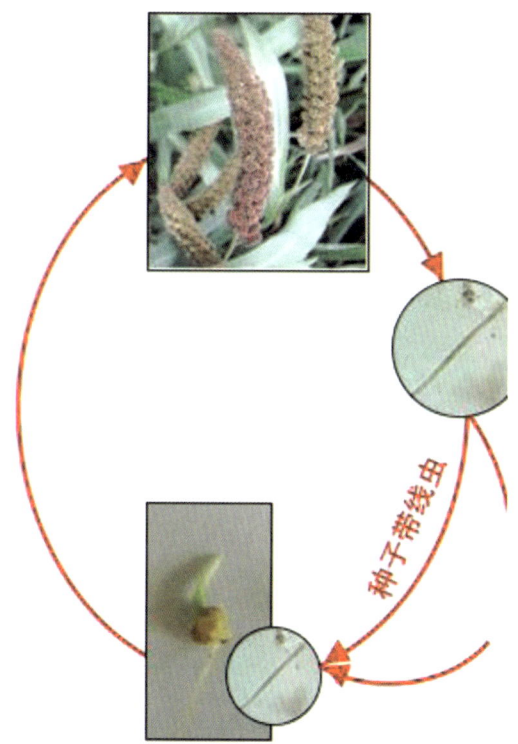

图 6-14 谷子线虫病传播途径

3. 苗期喷雾

谷子拔节前，可以结合除草杀虫，添加甲霜灵药剂，进一步减少白发病发病率。

4. 种田清洁生产

从谷子拔节期到灌浆期，在田间持续拔出直立高出正常株的白尖和刺猬头，集中深埋或烧毁，确保生产的种子不带病菌。

线虫病是夏谷区普遍发生的病害，2017年首次在河北承德、吉林等春谷区发现，2018年对各地种子进行检测，发现部分种子中携带线虫，2019年，在东北多地发现线虫病，严重的达到50%以上。所以，做好无病种子和清洁生产是当前必要的工作。

1. 无病种田种植

选择2~3年没有种植谷子的农田进行繁种。

2. 种子处理

用50%辛硫磷乳油按种子量的0.2%~0.3%拌种，闷种4小时，充分杀死颖壳内休眠的线虫，防治效果在90%以上，能够减少田间发病率。

3. 种田清洁生产

在谷子灌浆中期，剪掉田间直立的病穗，将其集中深埋或烧毁，能够确保生产的种子不带线虫。